花园时光 TIME GARDEN

多肉植物 2

二木　主编

中国水利水电出版社

《花园时光》是中国本土第一份面向园艺发烧友的时尚园艺Mook。

该书是多肉专辑2。我们访问了不同城市的花友，他们跟大家分享与多肉植物之间的故事，养护经验等。通过他们的故事，你也许会不自觉地回头看看自己的多肉之路，并对于将来如何和多肉相处有所启发；读这本书，你还能找到适合所在城市的养护方法呢；主编二木也会将自己栽培多年的，已经成为盆景的多肉植物展示给大家看，并跟大家分享用怎样的方式来制作盆景……

电　话：010-65422718
微信号：GardenTime2012
微　博：花园时光gardentime
博　客：blog.sina.com.cn/u/2781278205
邮　箱：huayuanshiguang@163.com

中国水利水电出版社
天猫商城

中国水利水电出版社
微信公众号

花园时光 GARDEN TIME

总 策 划　韬祺文化
主　　编　二木
执行主编　赵芳儿
撰　　稿及图片提供
赵芳儿　二木　商蕴青　萧萧　嘉和
Helen　叶子　杨杰　狐狸　胡小璐
王轶新　常常　安妮　青瞳唯玉　小武
敏敏
编　　辑　赵芳儿　Helen
封面摄影　胡小璐
封面图片　美国加州Succlent 咖啡馆

图书在版编目（CIP）数据

花园时光. 多肉植物. 2 / 二木主编. -- 北京 : 中国水利水电出版社, 2016.4
ISBN 978-7-5170-4263-1

Ⅰ. ①花… Ⅱ. ①二… Ⅲ. ①多浆植物－观赏园艺 Ⅳ. ①S68
中国版本图书馆CIP数据核字(2016)第078945号

责任编辑　杨庆川
加工编辑　董梦歌
封面设计　新锐意设计工作室

书　　名　花园时光（多肉植物2）
作　　者　二木 主编
出版发行　中国水利水电出版社
（北京市海淀区玉渊潭南路1号D座 100038）
网址：www.waterpub.com.cn
E-mail：mchannel@263.net（万水）
sales@waterpub.com.cn
电话：（010）68367658（发行部）
82562819（万水）
经　　售　北京科水图书销售中心（零售）
电话：（010）88383994、63202643、68545874
全国各地新华书店和相关出版物销售网点
排　　版　新锐意设计工作室
印　　刷　北京市雅迪彩色印刷有限公司
规　　格　210mm×260mm　16开本　6.5印张　156千字
版　　次　2016年4月第1版　2016年4月第1次印刷
印　　数　0001～6000册
定　　价　49.90元

Editor's Letter

卷首语

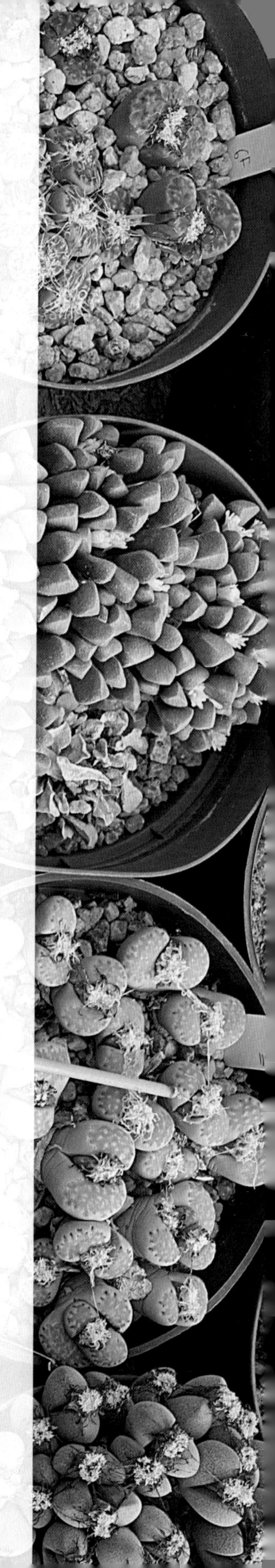

多肉和它的园丁

一次去拜访一位种多肉的朋友，看到一棵非常独特的多肉盆景，我说：真漂亮，好适合放在我的书桌上，给朋友作为礼物也很好；朋友说：这棵盆景养成现在花了 8 年时间，要摘心、用铁丝拴系造型，对了，它特别招介壳虫，还有白粉病，换土的时候要特别注意不能碰伤叶片……

瞧，这就是真正的园丁和从没拿过铁锹的所谓爱好者的不同。

我看到的只是植物地上部分的美丽，红彤彤的色彩，萌萌的状态，思忖着适合摆放的位置。我们总是羡慕那些拥有这些美丽植物的人，以为他们也只是温文尔雅地拧个水壶给花儿浇浇水，拍拍照，晒晒微博……但其实走近他们才发现，他们培养的，其实是我们看不到的地下部分。

春天，该换盆、换土了，稍不留意，就容易伤了根；

夏天，肉肉要休眠了，一棵棵要移到阴凉的地方，还要双手合十，祈祷千万别高温多雨；

秋天，肉肉们迎来好时节，砍头、扦插，施肥、浇水，时间真不够用呀；

冬天，要把这些小东西一盆盆移到阳光房，阳光房不能太冷，也不能太热，不然会给你好看。

……

所以，经常会听到他们说，累得腰都快断了，身子快要散架了，手上的老茧又厚了……

但是，即使这样，他们却无一不感到充实和快乐……

只因为有了倾心的付出，看见花开的那一刻，才会有那么罕见的快感。园艺耕作和养育心灵这两种活动不仅彼此类似，而且同质同源。

“从事园艺，你就会潜入深处，逐步领悟生命得付出怎样的努力，才能在冥顽不化的土地中，给自己挣得一方立足之地。”捷克作家卡雷尔·恰佩克道出园艺的真谛。

所以，身在其中的园丁没有时间抱怨，也没有精力纠结悲伤。他们在种植的过程中付出，然后等待惊喜，获得快乐，一如这个专辑中每篇文章的主人公。

稻祺文化

2016 年 3 月

倾听多肉背后的故事

花园时光(多肉植物2)经过近半年的组稿编辑，终于迎着春天的脚步出版了！

与“多肉植物1”重点讲述多肉植物本身不同,这一辑，我们将焦点对准了那些站在各种美丽的多肉植物背后的人。

对于多肉，我自己是从疯狂的状态慢慢走向平静的，但我现在还一样爱着多肉植物，而且清楚自己的未来也一定会和多肉植物相关。那些像我一样经历过疯狂“买买买”的时代的花友，他们对多肉植物现在还是怎样的感情，是否也和我一样？多肉植物对他们的生活又带来了多大的影响？我非常好奇大家的想法。

所以，北京、上海、成都、杭州、武汉、贵阳、威海……我们访问了不同城市的花友。他们在这里，跟大家分享与多肉植物之间的故事，养护多肉植物的经验等等。如果你已经入坑，通过他们的故事，你也许会不自觉地回头看看自己的多肉之路，并对于将来如何和多肉相处有所启发；当然，如果你还没有爱上多肉，从此变成多肉发烧友也说不定……不同的城市有不同的气候，养多肉的方法也不尽相同,读这本书,你也许能找到适合所在城市的养护方法呢。

借此机会，我也将自己栽培多年的，已经成为盆景的多肉植物展示给大家看，并跟大家分享用怎样的方式来制作盆景，如何根据花器搭配植物，或如何根据植物的习性状态去选择花器等。除此之外，还有升华版的组合盆栽。多肉植物是我目前所遇见的、最适合用于组合栽培的植物，它能够让你发挥无限的想象力。

不管怎样，都希望你赶快加入我们的队伍，动手一起种起来吧！一起来感受园艺的乐趣和大自然的神奇！

贴吧大神 二木
2016年3月

二木的南非多肉植物之旅

GARDEN 花园时光 TIME

CONTENTS

多肉植物 2

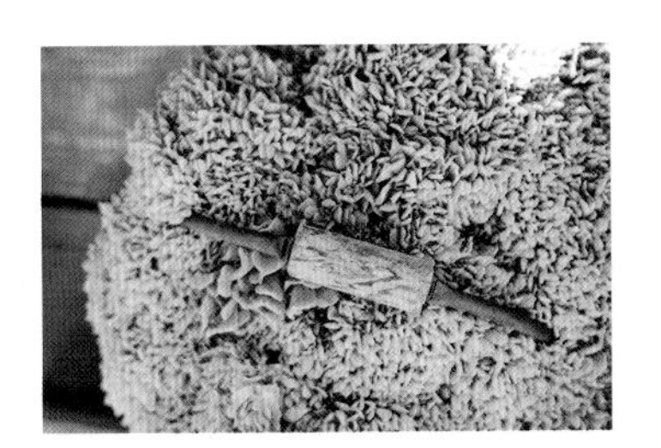

他这一辈子，要和肉肉们在一起

坐标：威海

达人档案：二木

本名肖杰，80后，重庆，人现居住山东威海。新浪博客千万人气博主，微博粉丝。热爱大自然，喜欢动物和植物，多肉植物狂热爱好者，梦想成为一名考古学家。希望能把自己从爱好中获得的经验和乐趣与大家共同分享。于2014年5月与伙伴共同创建「二木花园」。先后出版了《和二木一起玩多肉》与《和二木一起玩多肉II》。

> “他说，他的时间，一辈子的时间，和多肉们在一起，很情愿，很乐意。因为清楚自己的方向，每一步，都是在慢慢靠近自己的梦想，没有什么比这个过程本身更令人心生愉悦的了。”

二木，是一个很容易被人羡慕的人。

不是羡慕他年纪轻轻事业有成，而是，他真正在做自己喜欢的事，多难得。

二木是多肉植物的狂热爱好者。他管自己的多肉植物叫——我的肉肉们。他给他的肉肉们建了一个花园，在威海，叫作“二木花园”。

认识二木，也是结缘于他的多肉情结。初次相遇后，便收到了他从威海寄来的7棵颜色各异的“肉肉们”，还有7个花盆底座和配好的土壤，又附了一本《和二木一起玩多肉》。真是个以“肉”会友的热心肠男子。

二木的“玩多肉”生活简单得像个小农夫。每天，触摸泥土、配土栽种、打理植物、装饰花器，建造花园、听着老友记，在花园里忙碌。瞧见肉肉们娇憨可爱时，他还忍不住架起单反，换个定焦镜头，拍个微距美“肉”。好吧，还是一个懂科技的小农夫。

沉浸在植物世界里，对二木来说，并不单调。肉肉们就像有灵性的小伙伴，才不只是美美地摆放在那里而已。有时，二木会搞一些稀奇古怪的“装置艺术”创造，把许多颜色各异的肉肉们富有美感地搭配组合，虽费时费力，倒也有趣，还颇有些南非风情；有时，二木也会和肉肉们一起听听音乐，或是自己哼歌给它们听，许是自创的“音乐种植”；待开春了，肉肉们开了花，别有一种不可多得的美态，充当起摄影师的二木便每天拍摄多肉的开花记录，组成“养成笔记”；偶尔天气不好的时候，或是为了调整肉肉“病号们”的状态，二木有时也在凌晨伴着星光混土、种花，累完了，往地上一趟，便是满眼繁星。

我想你也会好奇，二木因何对肉肉们如此不可抑制的喜爱?

我也问了二木，他说：“花草很单纯”。

最早，二木只是想改造自己家的阳台，在购置一些装饰植物时发现了多肉。说“一见钟情”也不为过，因为，于第一次相遇，二木就抱回了100多种肉肉们，实在对这饱满娇嫩的小姿态欢喜得紧。

Mina | Text
二木 | Photo provided

01 和小木鱼儿在一起的花园时光，是二木嗲地最幸福的时刻。

就跟恋爱一样，“情不知所起，一往而深”。二木从此就伴上了多肉，今年已经是“多肉恋”的第六年了。六年里，他越发了解多肉，它的脾性，它的喜好，它的体温，它的防晒修护，等等等等。和所有的文学创作源自“爱”一样，二木也把对多肉的真挚感情放在文字中，写着写着，就成了多肉博主，成了多肉界科普知识，传递肉肉，汇聚同好的一枚阳光暖男。他也经常邀请多肉爱好者们去他的二木花园做客。

二木就是这样，单纯的迷恋着那些肉肉嫩嫩的植物们。他的梦想不大，就是做自己喜欢的事，养好多肉、交好朋友、过好生活。

这两年，自打二木有了女儿小木鱼儿，他的心思才稍稍从多肉植物上回转了些，但仍是差不离的，他希望能够给女儿一个美美的花园，一片小小的农田，可以自己栽种蔬

菜，看着种子们发芽成长，亲手触摸泥土，在花园里追逐各种小动物和昆虫们。

于是，他常带着小木鱼儿去捏泥巴玩儿，采小石子玩儿，在土里插叶片玩儿，也种种花儿。偶尔女儿在家，萌萌地说着要给花花浇水，给鱼鱼喂食，二木就会幸福感满溢。

所想所求只和所爱相契，幸福感不会迟到。

或许，一个清楚知道自己喜欢什么的人，才会清楚自己的方向，要去哪里，要干什么，要想知道更多什么。

于是，他订了去往南非的机票，去往芝加哥的机票，因为那里有更多原生的多肉植物，和丰富的动植物生灵。

于是，他和伙伴们又改造起了二木花园，把1号花园建成科普基地，因为他想给更多愿和植物交朋友的人一个聚会的地方。

于是，他努力学习英语，因为他想去世界各地的植物园学习，去跟当地的植物学家和专家学习、交流，然后回国分享给大家。不仅仅是园艺知识，还有他们与植物之间的故事。

他说，他的时间，一辈子的时间，和多肉们在一起，很情愿，很乐意。因为清楚自己的方向，每一步，都是在慢慢靠近自己的梦想，没有什么比这个过程本身更令人心生愉悦的了。

他还有一群志同道合的小伙伴们，一个让他觉得自己很幸运的合伙人。就这样，一群怀揣着共同梦想的朋友，单纯友善地向阳生活着，和自然那么亲近。

这样的人，你不羡慕吗？

“我希望花园改造完毕后，能回到我之前建花园的初衷，让它成为园艺和植物的一个科普基地，然后经常举办一些科普活动，来让大家认识园艺，了解植物。”

Q：建花园、去南非学习、全国各地讲座……看你真的挺忙的，目前主要在忙些什么？

A：我目前的主要工作还是继续研究多肉植物的习性以及应用，这两者其实是共通的，后者是以前者作为基础的。因此，今年夏天我还会计划去南非植物园学习，平时在苦练英语，然后也整理南非当地的一些资料，比如植物分布啊，特点啊等。

除此之外，二木花园准备进行二期改造，要出整改方案。我希望花园改造完毕后，能回到我之前建花园的初衷，让它成为园艺和植物的一个科普基地，然后经常举办一些科普活动，来让大家认识园艺，了解植物。

还有就是整个团队的培训，我可能会在这方面费一些精力。我们对团队成员的文凭要求不高，但是对专业性要求比较全面，比如从扦插、多肉植物的播种等，团队的人员都需要有较深的了解。

然后就是园艺、植物知识的科普活动。我们计划定期在不同的城市来举办。之前也尝试举办过几次这样的活动，我感觉非常有意义，也很受大家的欢迎，即使差旅费、场地费等活动的经费需要我们自己来解决，也会把这项活动继续下去。我们公司也非常支持我，会把这项活动作为一个公益活动一直举办下去。

Q：以前多肉是爱好，现在是事业，爱好变事业，又是什么新感受？

A：虽然现在有了自己的公司，但是我还是本着自己的爱好在做事情。因为我很幸运，我有一个很好的合伙人，公司的经营和管理他打理得很好，我不需要再花太多的精力和心思。我只需要把自己的爱好按照自己的能力做好就行了。

未来，假如多肉行业不好了，像兰花一样不“火”了，这些对我继续爱多肉都没有任何影响。我不会因为多肉行业的兴衰而决定是否继续或放弃我这个爱好。我的老本行是做国际贸易的，我可以并不依赖多肉来养活自己。

01 02 03

01 “二木花园”现在是小木鱼儿的游乐场，也是接触大自然的课堂。

02 二木花园一角。

03 哇，园丁为多肉疯狂的时候，原来是这样的神情。

Q：给我们分享一些二木花园在建设过程中的故事吧，关于花园以后的走向有什么打算？

A：关于花园建设最大的困难，就是现实与梦想如何权衡。我梦想有个高大上的玻璃房，但要花很多钱，但是实际上公司又不可能投入那么多，搭档于涛在建设方面会“管控”我。

花园的建设虽然很累，但是很享受这种过程。因为刚开始我就把它当做自己的家一样来布置和装饰。投入了很多精力和情感。刚开始花园就是一个荒废的大棚，没有人，我们好几个人轮流自己搭了帐篷在大棚里过夜。 我希望花园快点成型，自己连续三天都是通宵工作，凌晨伴着星光混土、种花。

大棚远离都市，而且废弃了很久，人烟稀少，棚的周围有很多鸟儿在这里安家，晚上周围漆黑，一点灯光都没有，累了躺在地上，看看漫天的星辰，听猫头鹰的叫声，静得能听见自己思考的声音，那一刻感觉非常棒。

花园选择的地方有点低洼，但是经过调查，20年都没有发过大水，所以就没有特别去防范。可谁知道，我们搬进去的第一年就遇上台风，就被淹了，二号棚全部牺牲，堆在里面的椰康也全部被泡散了，到处都是，挺惨的。但当时我们不但没有绝望，而是把它当做一种难得的经历。经历了才会成长，这比钱财更珍贵。所以大家也并没有因为这件事儿影响士气，很快就把大棚收拾好，恢复常态。

还有比较好玩的就是，花园的冬天非常好玩。威海下雪比较大，花园也处于半封闭状态，人不多。大家在这个时间最放松，变着法儿打雪仗、堆雪人，非常非常开心。

关于花园未来的打算，有计划将1号花园改造，之后完全封闭，将它变成科普基地，以后可以在这里举办一些多肉，或者是与园艺相关的科普活动，定期跟大家分享一些有趣的事情。而销售转移到2号3号棚，跟活动完全分开。这也在朝我建花园的初衷靠近，搭档于涛也同意了。

01 02

01　二木自己亲手绘制的这幅画，和他一样，拥有无数粉丝。

02　几个大男人用坚毅的背影回应那场曾经几乎给花园带来毁灭性的打击的台风。

Q：目前很多圈外人进入多肉行业，你怎么看？

A：现在有非常多的人投入这个行业，很多人抱着的心态是：哇，多肉好火啊。所以也想来这个行业赚快钱。尤其是很多年轻人，看了类似于我这样的创业经历，也想自己创业。但是其实风险非常大。媒体只会报道成功的案例，失败的案例是不会报道的。我这样的案例其实也很少。

我很幸运遇到了我的合伙人，如果一个人来做，很可能爱好和事业最后一个都没有做好，这种例子我见过很多。一句话，就是如果选择多肉行业创业的话，真的需要好好考虑。

而且园艺行业跟别的行业不一样，可能需要5~10年来打基础，时间很慢，一定要耐得住寂寞，如果抱着赚大钱、捞一把的心理，你真的要做好准备，园艺真的不是你想象中的那么美好。

Q：多肉植物带给你最大的收获在哪里？

A：多肉带给我的最大的收获当然就是心理上的轻松和快乐。

很多人觉得，二木现在很火，挣的钱肯定很多，但其实我挣钱真的不多，所以，挣钱并不是多肉带给我的最大的收获。花草很单纯，我现在每天和植物、花园打交道，可能身体上会很累，但心里非常愉悦。不像我当初做国际贸易时那样，每天都要考虑顾客的感受，操心的事情特别多。我现在正在一步步实现我的梦想，这种过程本身就很快乐。我现在很清楚自

> 如果大家也有梦想，鼓励大家去追，但是一定要理性地去分析，不要盲目跟风。希望大家不要把种花当作攀比的工具和手段，那样就会失去了园艺本身的意义。

己的方向。

另外，植物给了我今后的路该怎么走一个明确的方向。我在跟植物、花园打交道的过程中，感觉前面有一个很清晰的方向，不会像以前一样感到迷茫。我们这辈子不过百年，很多人都不知道自己应该做什么，时间应该用在哪里。但是我很清楚，我知道我以后的时间一定会和花草、园艺在一起，而且我也很愿意把自己的时间花在上面。

Q：如今粉丝这么多，最想对他们说些什么？

A：我希望通过微博这个平台能把自己获得的快乐和成长经历完全分享给大家。如果大家也有梦想，鼓励大家去追，但是一定要理性地去分析，不要盲目跟风。还有不管是多肉植物，还是其他植物，园艺毫无疑问是会给人带来快乐的。但是也希望大家不要把种花当作攀比的工具和手段，那样就会失去了园艺本身的意义。

Q：还有什么其他想跟我们分享的吗？

A：我是一个非常简单的人，这话不是我自己说的。用我姐姐的话说，像我这样的人在社会上应该属于很难生存的那种。现在能发展成这样，我觉得自己应该是运气占了很大的比例。

我学历不是很高，有一些社会工作经验，呆过几个城市，也算是有些许见识。我现在做的这一切，并不是为了向大家证明什么，只是想告诉大家，如果有自己真正喜欢的东西，千万不要放弃它，尽管短时间内可能够不着，也不要轻易去放弃。当有一天，你的实力能达到的时候，可以去做自己喜欢的事情的时候，就可以完全放手去做。

就像我在新浪博客里记录的那样，大家在那里可以看到我成长。从最简单的一个阳台，到现在拥有二木花园，中间虽然经历过很多挫折，我也没有改变自己的初衷，以后也不会变。

我还有一个梦想，就是我想去世界各地的植物园去学习，去跟当地的植物学家和专家学习、交流，然后回国分享给大家。不仅仅是园艺知识，还有他们与植物之间的故事。

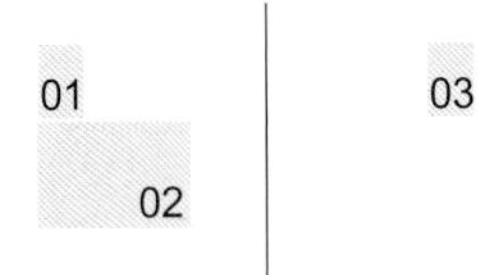

01 “爸爸妈妈照顾我，我来照顾你们”木鱼儿与花草的对话。

02 改造过的二木花园。

03 二木花园里的其他花草。

寻找多肉 发现世界

——两位摄影师的世界「寻肉」之旅

坐标：北京

达人档案：王轶新／胡小璐

王轶新，毕业于东北师大中文系，国家高级摄影师。小意达花园「王老板」。

胡小璐，在杂志社的资深摄影记者，现在经营着自己的工作室：Studio Sthblue。

两年来，他们以多肉植物为坐标，去过德国、荷兰、西班牙、美国、意大利、比利时、英国等很多农场、庄园和爱好者的家中拜访。“穿越过沙漠、荒原，到过森林、小镇，一路汽车旅馆、民宿、甚至露营，很多时候都无法确定第二天会开到哪里，可对新奇植物的期待给我们去探险的勇气……”回忆起一段段旅程，两个人依然兴奋不已。

“与其说是寻肉之旅，不如说是多肉带着我们去旅行”！

璐璐说，如果不是因为多肉植物，他们的旅行便也会和大部分游客一样，流连于城市标志性的景点、购物中心，可能永远不会去到那些名不见经传却美丽无比的小镇，也不会收获旅途中一个又一个意外的惊喜。

是的，惊喜！这种惊喜是穿越沙漠去新墨西哥州Mesa garden那个赶路夜晚看到的“超级满月”；是拜访德国kk刚好赶上“芦笋节“时意外的大快朵颐；是参观多肉咖啡馆而乱入到一场当地乡村音乐会时的狂欢；也是为追随一位花农而遇上了一整个热闹的农夫集市……

可能连他们自己也没想到，对“多肉植物”的这份爱，为他们打开了更广阔的天地！

两年来，他们以多肉植物为坐标，去过德国、荷兰、西班牙、美国、意大利、比利时、英国等好多农场、庄园和爱好者的家中拜访。“穿越过沙漠、荒原，到过森林、小镇，一路汽车旅馆、民宿、甚至露营，很多时候都无法确定第二天会开到哪里，可对新

赵芳儿 | Text
王轶新　胡小璐 | Photo provided

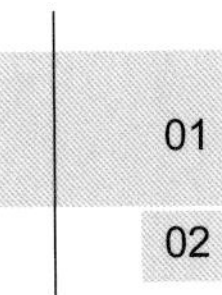

01 在约书亚树国家公园，第一次见到漫山遍野的仙人掌和约书亚树。

02 旅馆前面的“仙人树”。

奇植物的期待给我们去探险的勇气……”回忆起一段段旅程，两个人依然兴奋不已。

记得2014年3月，刚刚结束加州的拍摄任务，恰好在当地花店看到圣何塞的“仙人掌和多肉植物协会”展览和销售海报，两个人立刻驱车前往了。展会上，当地的植物爱好者们都搬来了自己的心头好，和花友们一起评选，交流养护经验。每个参赛的植物都让人垂涎三尺，然而有些老桩格外引人注意，目测至少要有二三十年的生长痕迹。在这些植物上他们都看到了同样的标签——“Eve&Bud”。两人猜想，这应该也是一对热爱植物的夫妻吧！好想认识一下，可是当天他们并没有出现在展会上。

跟着标签上的信息，轶新拨通了对方的电话。

“Hi”，

“Hi”，

“请问您是Eve吗？”听到一个女人的声音，轶新便继续问。

对方电话是一阵沉默……

轶新也停了一会儿，见没声音，就继续说明了他们是来自中国的花友，很喜欢展会上的植物，想要拜访的意思，女人很热情地答应了。见面时，他们才明白，接电话的女人原来是Eve&Bud的女儿，热爱植物的父母已经相继离世。父母去世前叮嘱他们，把一部分收藏的植物送给亲朋好友，按照大家的性格一一分配好，其余的大部分则交给她和弟弟照料。姐弟俩细心打理，才有了这么多精彩的老桩，而有了这些植物的陪伴，好像父母也未曾离开一样。

02
03

01

01　加州多肉咖啡馆室内一角。

02、03　在美国加州的海边、路旁，经常会偶遇这种一丛丛、一团团的多肉植物。

Eve和Bud与植物的故事听了让人动容，轶新忙就电话里犯的错不停抱歉，Eve的女儿则爽朗的原谅了他的无心之失。在Eve和Bud家，他们收获了一些植物，而这个关于“爱和传承”的小插曲更让他们收获了一份珍贵的异国友谊。

类似的故事还有好多好多……

在加州Vista，他们有幸拜访了生石花大神Steven Hammer的花房。璐璐用蹩脚的英文努力和哈默叔交流，很希望弄懂为什么有时候同一品种同一生长环境下，也会有很大的个体差异……幽默的Hammer叔也努力用最简单的英文解释给她听：它们和人类差不多，有些家伙就是“unhappy”。所以，他为花友挑选植物时也认为植物是否“happy”作为标准，宁可割舍自己收藏级的植株，也不会送出任何一株哪怕有一点点“unhappy”的植物。

对了，他们还去了红暴网络的加州那间著名的多肉咖啡馆，老板向他们讲述咖啡馆背后的故事：因为加州干旱、缺水严重，所以政府特别支持居民种养超级省水的仙人掌和多肉植物，也正是这原因，让这个超有设计感的多肉景观庭院成为当地居民模仿的设计样板。老板一边讲故事，一边随手把咖啡机蓄水盘里的剩咖啡哗的一下全泼在旁边的一大从特玉莲上，如果不是亲见，真不知道剩咖啡浇花竟是这里养植多肉的独门秘技呢！

“如果不出去走走，你会以为这就是全世界”。旅途中，轶新在自己的微博上写下这样的话语。读万卷书，不如行万里路，阅览各国植物园、结识许许多多有趣的农场主，也让他渐渐从一个只懂欣赏植物的菜鸟成长为可以自己照顾好植物，打理好自己小花园的半个职业园丁。

……

环球，一个浪漫的梦想，也是一个可以一步步去实践的目标。此刻，在北京昌平，宁静的小意达花园里，妈妈正在采摘自己种的蔬果，老公正在为花友细心挑选植物，大棚里的肉肉惬意地晒着太阳；璐璐一边给我展示“多肉之旅”的照片，一边详细地介绍它们背后的故事……能把爱好当工作，真好！

“如果不出去走走，你会以为这就是全世界。”在旅途中，轶新在自己的微博上写下这样的话语。

还记得吗？那个曾经风靡网络的加州多肉植物馆？璐璐和王铁新专门去拜访了这家让人流足了无限口水的咖啡馆，图片太多、故事太精彩，而此处篇幅太有限，详细的内容将收录在他们即将出版的《多肉带我们走世界》一书中。

succulent
COLD DRINKS
EXTRAS

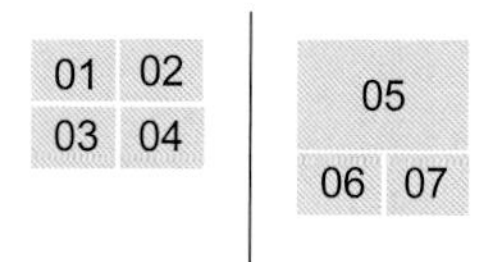

01 德国Koehres kaktus花园，国内有一半的多肉植物种子引自他家，但你完全想不到，这些种子来自一个不到一亩地的温室，而且是由一个三口之家打理的家庭作坊。

02 Mesa Garden的创始人Steven Brack，他是全世界著名的“PP之父”，培育了成千上万的生石花的品种。

03 在加州Vista，生石花大神Steven Hammer。他严谨得宁愿割舍自己收藏级的植物，也不会送出任何一棵哪怕有一点点“unhappy”的植物。

04 在“Eve and Bud花园”，女儿遵袭父母的遗愿，将这份美丽的事业和在传承下来。

05 在Mesa garden，主人Steven Brack是个严谨的“老头”，每种生石花都有固定的授粉刷。

06、07 加州路边的肉肉。

Q：是什么样的机缘巧合让你们与多肉植物结缘的？

A： 最开始是我们的邻居小伙子种多肉，我们经常去拍照。这种萌萌的小东西在微距下特别美。拍得多了，慢慢对多肉就有了认识和了解，也就不知不觉地喜欢上了。然后在自己的摄影工作室外面弄了几个花架，正式开始养多肉。渐渐地越养越多，工作室已经完全不够用了，然后就跟老公一起在昌平租了个大棚，摆放自己的收藏。因为从小喜欢读安徒生童话，所以取名“小意达花园”。

Q：租大棚也需要一笔不小的开支吧，仅仅因为爱好投入这么多，家里其他人支持吗？

A： 我和老公都特别喜欢乡村。在欧洲旅行时，就发现那里的乡村真美，于是心里就一直藏着一个田园梦，这也是促使我们在昌平租这个大棚的原因——可以有更多的地方种花种多肉，还可以自己种菜，让家里的两个狗狗有更多空间玩耍。父母开始也不理解，为什么大学毕业要去乡下“种地”？花园弄好后把他们接过来住了一段时间，看到好多来大棚参观的花友也和我们一样痴迷于多肉，知道我们并不是在“没正事儿”，便慢慢接受了。

Q：“寻肉环球之旅”，是什么驱动你们做出这样的决定的？

A： 我们俩都是摄影师，会经常到海外为客人拍摄婚纱照。因为喜欢多肉，收工后都会趁机看看周边的多肉植物农场和花园。寻找多肉的旅程跟平常的旅行感觉完全不一样，遇到的人多是热爱植物、热爱生活的同好，他们热情淳朴，又会给我们推荐周围好吃好玩的去处……乡村风光恬静美好，旅行开支小很多，又完全不会为堵车、找不到停车位烦恼，是既放松又有收获的旅行方式。

01 02

01 德国Kothres Kaktus花园温室外的多肉景观。

02 约书亚树国家公园。

“如果你也想以多肉植物为座标来一次全球之旅，提醒你一定要：
1.提前安排好路线
2.拜访任何地方要提前预约
3.准备足够的现金”

Q：目前为止去过哪些国家？他们的多肉产业有何不同之处？

A： 大多是欧美国家，印象最深的是德国、荷兰、美国这三个。

荷兰是世界上农业生产现代化的典范，不管是批发市场，还是种植公司，全部都是高科技。我们到过一个荷兰高科技多肉温室，这是一家拥有将近九十年经营历史的家族企业，有五万平方米的温室，但是这里的员工很少，一株植物从播种到最终销售，几乎不需要人工参与，生产出的植物品相、大小几乎完全相同，标准化程度非常高。

在德国我们只拜访了KK。和大多数欧洲国家的植物农场一样，他们的种植规模普遍比较小，很多种植商都是真正的植物爱好者，然后自己收集和培育各种不同的品种。位于法兰克福远郊的Koehres Kaktus是一家种子供应商，国内有一多半的多肉种子都来自他家，但你完全想不到，这些种子来自一个占地不到一亩地的温室，而且是个只有爸爸、妈妈和女儿管理的“家庭作坊”，可以想象我们看到后惊呆的表情！

美国的多肉生产主要集中在加州，而在北加州主要以家庭型小型农场为主，主人更注重品种的收集，因为北加州整体相对富裕，销售价格也略高。而南加州以及亚利桑那、新墨西哥州分布着大大小小几十家植物农场，管理也相对粗放。但无论是农场还是私人的花园，大都依赖天然条件，植物更大株更原生态。美国的多肉消费市场非常成熟，我们到过的每一个镇子，在每个月的某个周末，都会有仙人掌和多肉协会的花友聚会，地点或在教堂门口，或者中心集市。大家聚在一起交换品种，交流玩多肉的心得，气氛非常好。

Q：如果有花友也想尝试这样的旅行，能给他们一些建议么？

A：第一就是要提前安排好路线。我们在出发之前会做很多功课，比如上网查资料，确定好要去拜访的多肉植物农场、花园等，也不要错过当地的农贸集市。然后根据这些确定好时间、路线、住宿等等。不过想去到这些地方只能是自驾，所以还要准备好驾照的公正，搞定当地的租车。

第二就是去拜访任何一家农场之前，都要提前email或者电话预约，否则即使勉强接待了，也不会有很多时间交流。

第三就是准备足够的现金，因为很多小型花房都只接受现金交易。

Q：接下来有什么打算？

A：目前我们到过的国家中，欧美要多一些，以后我们还想去非洲原生地去看看，好期待后面的旅行啊！

ABERCROMBIE
92

以热爱之名　过滋润生活

赵芳儿 | Text
小武　赵芳儿 | Photo provided

坐标：北京
达人档案：小武
北京追光动画艺术设计。不久前还在热映的《小门神》，便是出自他所在的团队……

> 为了让多肉植物接地气，他搬离高楼层的公寓，到北京二环里的一个胡同，找到一处接地气的平房，并花费数十万元改建。如今，肉肉们有了阳光房，有了露台，还有了小院子……

我们身边普通的日常，在艺术家的眼里，总是有着不同的理解。比如，同样是养花养植物，他们就能把植物玩得更有气质和意境。

得知《花园时光》要出版第二个多肉植物主题专辑，漫画家陈柏言热心地给我推荐这样一位多肉植物玩家——小武。身为动漫艺术设计的小武，为了种好多肉，特意在北京二环里的石景山挑选一座老房子，并改建成适合种植多肉植物的样子。

房子位于景山附近一条很深的胡同里，面积不大，占地不足百平米，走进去却是难得地开阔。进门是一个露天的小院，墙垣一角一棵上了岁数的槐树，在屋子上空安静地开枝散叶。

顺着小院右侧墙面的梯子爬上去，就是小武在室外养多肉植物的地方。这是一个10多平方米的露台，周围摆着大大小小的花架。因为是冬天，多肉都被移到室内，露台略显萧条。小武打开手机，给我们看露台在其他三季的风景：花架上都盛满了各种多肉植物，还有很多大件的组合作品，盆栽、画框、花环……我非常喜欢它们，虽然还是那些常见的玩多肉的形式，但每件都带有看一遍就能烙在心底的风格。露台靠北面是房子的青瓦屋顶，瓦沟里也放着各种多肉植物，一行一行，就像是从一片片瓦中间钻出来的。它们在这里，又能展现出在花市里、花架上、花盆里面见不到的气质，那种质朴的和原生态的美，与周围的环境是如此协调，好像它们天生就应该生活在这里一样。

穿过小院走进屋内是一个大开间，古朴又文艺的气质迎面扑来，椽梁可见，老房子原本的栋梁和和尖顶在改造时也被完美地保留。这里是小武会客的地方，里面的家具、饰品都非常有年代感，老榆木的柜子，能清晰地看到深深的被风干的纹理；圆盘挂钟，里面的指针仿佛走了几个世纪；连穿衣镜的镜框都是用纹理深厚的实木做成的。而最震撼我们的是房屋中间那方金丝楠木的长桌，打开手机的手电筒照照，里面通透而闪亮的金丝纹理清晰可见……墙面上是小武自己的画作，多是多肉植物。因为楼层比较高，小武还在开间的上面还设计了阁楼，房子的使用面积大大增加。

01
02

01 是厨房，也是阳光房，多肉植物在这里，即使冬天状态也很美。

02 阳光厨房的另一侧玻璃墙，紧挨着客厅。这里高低错落地搭配着三角梅等其他植物。

01	02 03 04	05	06	07

01　阳光房里的鸡蛋花，墙壁上悬挂的蕨类、吊兰、干花，让这里变得错落有致，成为真正的室内花园。

02　星美人，真的美。

03　芦荟也快长成老桩了。

04　星美人，它应该很喜欢这个宽敞又透气的花盆。

05　蓝松，搭配自然的陶盆，多了意境之美。

06　它也叫‘孙悟空’呢！

07　吊篮增添了花园的线条美。

开间靠外是卧室（卧室的上面便是上文提到的露台），靠里便是厨房了。这个厨房让我们又一次有了自己是刘姥姥的感觉。这哪里是厨房，其实就是一个真正的室内花园嘛。主人将这里的屋顶改造成透明的玻璃屋顶，抬头就能看到天和婆娑的古树枝丫身影，让人感觉通透又活泛。难怪大冬天的，多肉植物在室内也能长得这么好，因为这里的光线实在太好了。多肉植物都放在厨柜上方的隔板上，可以获得更充足的光线。而为了让肉肉们在阴冷的冬天也能表现出很好的颜色，小武还在隔板上安装了紫外灯，阴天光线不足时，给植物补光。橱柜对侧的地下则摆着大体量的鸡蛋花、三角梅，靠里的一侧还悬挂着的干花，还有吊兰从竹篓里垂下来……植物大小搭配，错落有致，丰富却不拥挤。

坐在长桌前，墙上的空调不间断的吹过来徐徐暖风。一壶泡好的白茶，淡淡的口味，却透着清香。这里是如此宁静，屋外的车水马龙似乎与这里毫不相干，无论是和朋友把盏夜话，还是一个人听听音乐、画个画儿，都是惬意的。这样，才是真正的生活……

01

02

01　阳光厨房搁架上的肉肉们。

02　客厅里的金丝楠木桌椅，也是主人品茶赋闲的地方。

Q：是为了养好多肉才搬到这里的吗？二环里的老房子变成现在这样，改建也费了不少功夫吧？

A：对。之前我一直住在公寓，也养了很多多肉植物，但总是觉得养护条件还是受局限，不够接地气。后来有机会能搬到这里，非常开心。因为是平房，还有一个露台，非常适合养多肉，唯一缺的就是一个阳光房。于是我就把厨房的屋顶改成了玻璃质地的，这样冬天也可以养多肉了。房子其他的部分也进行了很大的改造，比如增加了阁楼，拆掉了之前的隔断，重新铺了地板，但还是遵照老房子的结构风格。是挺费劲儿的，但是现在住着很舒服，所以也觉得很值得。

Q：你是学动漫专业的，似乎与植物相距很远，什么时候开始喜欢多肉植物的？它的哪些地方吸引你？

A：我是做动漫的不假，但我最喜欢画的就是植物和自然景观。没什么原因，性格使然吧。多肉植物相对来说比较好养，也不会像其他植物一样几年之间会突然长得很大而导致空间不够，所以对它养得比较多。

Q：看你养的这些肉肉状态这么好，就知道你肯定对于如何养好多肉肯定有研究，给大家介绍一下你的经验吧？

A：要说特殊的地方，可能就是我一直养金鱼，而给多肉浇水用的是鱼缸里的；还有一点就是我在养多肉植物的隔板上还配了紫外灯，在光线不足的时候照一照，多肉的色彩会比较好看。

其实我没有专门去深入研究技巧方法，而且多肉种类繁多，习性也不一样，方法也不一定都通用。

Q：看你养多肉的器皿都很特别，有什么讲究吗？从哪里获得这些器皿？

A：这些瓶瓶罐罐还真是这么多年积攒下来的，碰到喜欢的就买下，时间长了就多了起来。我喜欢那种有岁月感的容器，比如陶罐、木器等。除此之外，也会自己动手做一些盆器，我曾经就用可乐瓶做磨具，做过一个水泥花盆，还挺有特色的。

“要说养多肉的经验，可能就是我一直用养鱼的水浇花；然后，光线不足时我会用紫外线灯给它们补光。”

01 02 | 03 04

Q：你养多肉最大的收获是什么？对你的创作有帮助吗？

A：我觉得最大的收获就是养心。多肉种类繁多，有的很萌，有的又张牙舞爪，感觉像来自外星的植物，对创作也有很大好处，尤其是对幻想类题材的创作，会带来很多灵感。

Q：最近都在忙什么有趣的事情？

A：最近刚忙完电影《小门神》的制作，现在正在热映。所以可以忙里偷闲尝试学习制作传统盆景。

然后还想像我住的这套房子一样，改造另一个院子，在院子里种植物、种多肉，作为特色民宿。将来还希望能在二环里能拥有自己的植物大棚，目前正在朝着这个方向努力。

01 卧室上面就是露台，也是室外主要养多肉的地方。露台的北侧便是瓦房屋顶，常有小猫来视察主人的花养得好不好。

02 刚完成一幅“画”，坐在地上休息一下。

03 小院的入口，进门右手侧楼上就是露台，对着门进来就是客厅了。

04 露台上的多肉组合。

做一群自由、快乐飞翔的小鸟

坐标：成都

达人档案：杨杰

飞乐鸟工作室创始人，艺术设计专业毕业，一毕业就踏入了艺术类专业图书出版，现已有有13个年头了，一直都觉得很幸运能把自己的专业、兴趣和事业结合在一起，还能聚集一群志同道合的朋友，让更多的人都能触手可及画画儿这件事很享受每去一个地方都会对今后的人生有新的解读和帮助。性格嘛AB血型的金牛座，有着理性和感性的双重性格，这可能也是她能专注在一件事情的原因吧。快乐工作，精致生活是我们团队的口号，也是我最真实的生活写照，简单快乐就好。

赵芳儿 | Text
飞乐鸟 | Photo provided

> “绘画是值得一辈子拥有的一种自我表达的方式，它有助于我们提高生活的情趣。我们将飞乐鸟定位于基础绘画知识的普及，也是希望更多的人喜欢上画画，一起发现生活中的小确幸。”

杨杰来电话时，我正巧在开车。杨杰说，我们换个时间吧，我很担心你开车讲电话不安全。或许是因为这种被“担心”，也或许是因为早就对“飞乐鸟”耳熟能详，让我们的第一次聊天就像朋友一样，没有拘谨，也没有为该问与不该问而思忖纠结。

在搜索引擎里搜索“飞乐鸟”，你会很容易发现这样的介绍：“国内知名插画工作室，擅长Q版、小清新、温情治愈系等绘画风格，作品长期荣登全国各大书店同类畅销榜榜首……”但很少有人知道，飞乐鸟和杨杰，其实是两个无法拆开的名字。

是的，杨杰是飞乐鸟的创办人。从初中就开始画画的她，在做过几年的设计类图书出版之后，于2010年，和一位志同道合的朋友，创办了飞乐鸟这个插画品牌。儿时的爱好与梦想在成都这个让很多人来了就不想走的城市落地、生根。

“工作室起名飞乐鸟，有什么缘由吗？”我问。

“艺术是一个自我表达的方式，它是自由的，像一只快乐的鸟儿”，杨杰这样回答。

自由、快乐，这样的调性，太吸引人，尤其是年轻人。

所以，飞乐鸟的团队成员大多都是90后，也就不足为怪了。他们总是有着独特的创意和灵感，这是不断创新的艺术工作室所必备的。从最初的《花之绘》彩铅系列，到后来的儿童简笔画，再到手帐、水彩……每一个新产品类型的诞生，都源于这些灵感的闪现。

“当然，即使这样，我们还是会不断遇到发展瓶颈，我们需要持续了解读者需要什么，不断创新”，杨杰毫不掩饰工作室面临的痛点。

了解读者的需求，最有效最直接的方式就是面对面的交流。从2014年开始，他们在

01 “飞乐鸟”工作室里面，肉肉也非常多。

成都率先启动了线下培训，一年后在北京开了第二家。“培训让我们可以和读者、学生面对面直接交流，他们需要什么，难点在哪里，我们能很快得到反馈，这样更能促使我们创新”，杨杰说。

事实证明这样的模式是成功的，日后，可能在其他的城市，陆陆续续你会看到飞乐鸟的身影。

“绘画是值得一辈子拥有的一种自我表达的方式，它有助于我们提高生活的情趣。我们将飞乐鸟定位于基础绘画知识的普及，也是希望更多的人喜欢上画画，一起发现生活中的小确幸”，在访问快结束时，杨杰说的这段话让“画盲”的我也有了想画画的冲动。

杨杰还说，在工作之余，她还喜欢跳跳舞、打打球、看点书、写点字、画点儿小画、养养多肉什么的。我相信，在她的带领下，那一群自由、快乐的小鸟能飞得更远、更高！

Q：飞乐鸟的团队中，年轻人很多，这个是偶然，还是团队建设的定位？

A：飞乐鸟本身就是一个很年轻的品牌，所以刚开始我们团队中就有很多年轻人，大家一起讨论绘画，从彼此的擅长点中得到更多的灵感，这是非常棒的工作体验。然后我们发现，飞乐鸟团队就决定了飞乐鸟的作品风格，而这样的作品风格又吸引了更多的志同道合的伙伴来到了我们的团队。

Q：你们的作品中植物非常多，为什么？多肉植物与其他主题的画法有什么不一样吗？

A：因为不管是花朵、绿植、树木、多肉，甚至是蔬菜，都展现出植物美好的姿态。而且植物在生活中也是比较常出现的，大家观察和画起来都比较方便。

多肉植物的绘制重点主要在于叶片形状的表现。因为不同的多肉植物，叶片生长方式是不一样的，所以要先了解

“多肉植物的绘制重点主要在于叶片形状的表现。因为不同的多肉植物，叶片生长方式是不一样的，所以要先了解不同类型多肉植物的形状，而另外一个重点就是叶片的饱满厚实感，这需要对高光和阴影的精细处理才能达到这样的效果。”

“一般的初学者，彩铅和简笔画都是比较适合入门的。通常零基础的读者最大的问题往往是不知道应该怎么开始，要解决这个问题，彩铅和简笔画都是很好的选择。”

不同类型多肉植物的形状，比如我们刚刚推出的《多肉绘Ⅱ》中，就会在教程之前先对叶片的形状进行详情的讲解。而另外一个重点就是叶片的饱满厚实感，这需要对高光和阴影的精细处理才能达到这样的效果。

Q：我们的读者中，很多是绘画零基础的，给大家一些建议吧，应该怎样入门？

A：一般的初学者，彩铅和简笔画都是比较适合入门的。通常零基础的读者最大的问题往往是不知道应该怎么开始，要解决这个问题，彩铅和简笔画都是很好的选择。尤其是简笔画在最近流行的手帐中是十分实用的，比如我们的《萌翻你的手帐简笔画10000例》中就有非常多实用的案例，很适合初学者上手，有孩子的读者也可以用来教孩子画画。

但是说了这么多，不管是多么简单的工具，任何画种，入门的最简单的方法就只有一个，就是拿起笔开始画哦！

Q：谈谈飞乐鸟以后的发展计划？

A：从飞乐鸟艺术中心开始建立，我们就收到全国各地的读者的消息，希望我们去到他们的城市。在2014年，我们在成都启动了飞乐鸟的线下第一家培训机构——飞乐鸟艺术中心，一年后在北京又启动了第二家。接下来会让飞乐鸟艺术中心到更多读者身边去。

在儿童绘画领域我们也会进行进一步拓展，成立儿童子品牌飞乐鸟KIDS，接下来也会很快有一套新的作品《儿童色铅笔基础入门》跟大家见面，都是非常适合孩子的绘画图书。

除此之外，今年会推出更多适合零基础的读者图书，简笔画，手帐，水彩，彩铅各种方面都会包含。所以不管你在哪里，不管你喜欢什么样的画种，不管你的年龄层是多少，只要你想画画，都来跟我们一起画画吧。

01 02 03

01、02、03 飞乐鸟工作室内景。

姬玉露的绘制

飞乐鸟 | Text and photo provided

线稿的绘制

姬玉露叶子呈紧凑的莲座状排列，叶片肥厚饱满，叶片上中段位置有明显的线状脉纹，些许的叶子顶端有点尖尖的。

01 从中心开始画出半圆形的叶片，然后围绕中心向外一圈一圈地勾勒出饱满的叶片，但在画叶片时要注意整体的透视感。

02 叶片非常的厚实，上端饱满圆润，根部位置渐狭，有点类似于水滴状。

姬玉露上色步骤

03 先用浅绿色为叶子浅浅地涂上一层底色。留白高光的部分不涂色。

05 接着继续用深绿色将脉纹刻画得清晰一些并加重颜色。

04 继续用深绿色加深叶片根部，并将叶片上的脉纹涂上颜色。

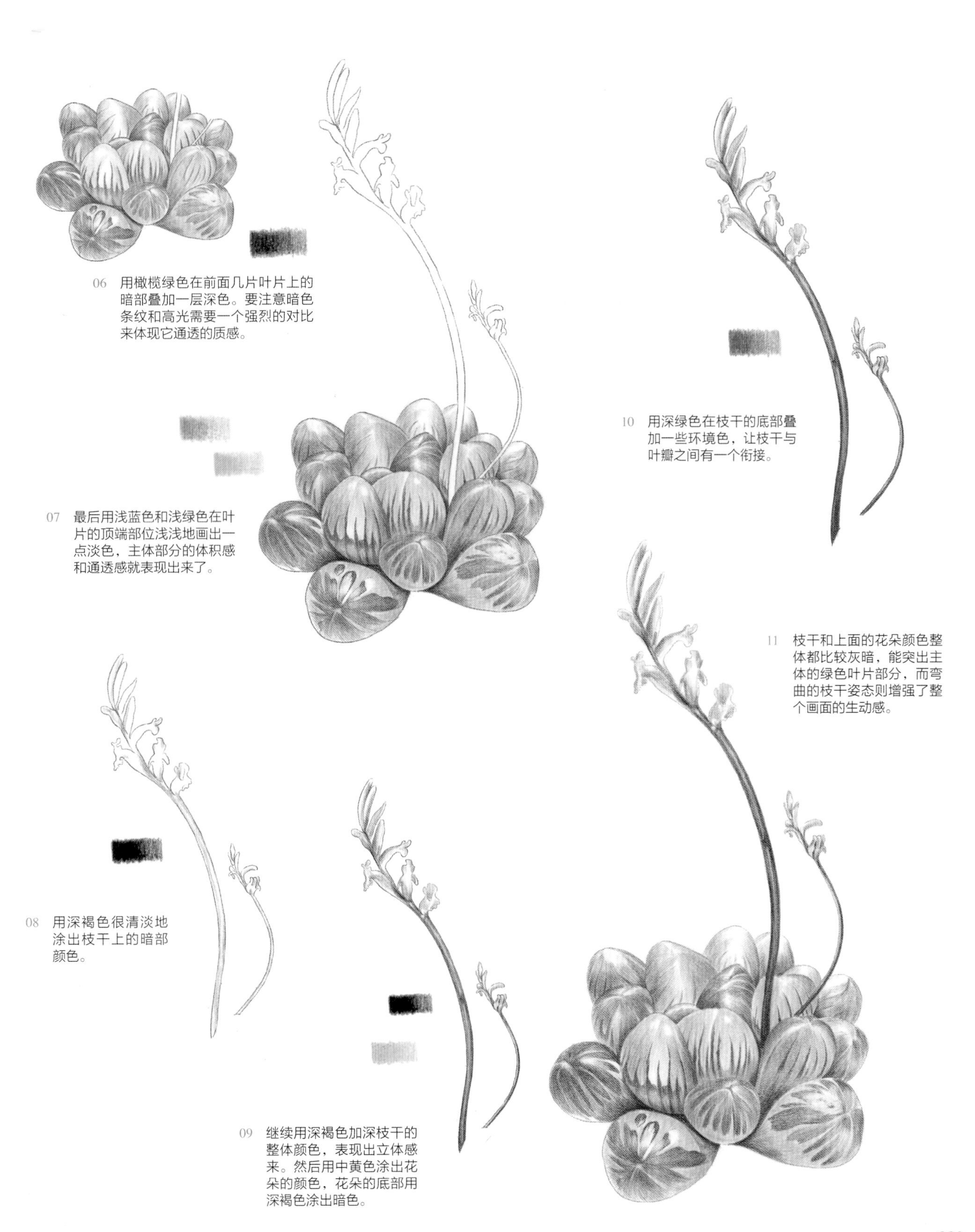

06 用橄榄绿色在前面几片叶片上的暗部叠加一层深色。要注意暗色条纹和高光需要一个强烈的对比来体现它通透的质感。

07 最后用浅蓝色和浅绿色在叶片的顶端部位浅浅地画出一点淡色，主体部分的体积感和通透感就表现出来了。

08 用深褐色很清淡地涂出枝干上的暗部颜色。

09 继续用深褐色加深枝干的整体颜色，表现出立体感来。然后用中黄色涂出花朵的颜色，花朵的底部用深褐色涂出暗色。

10 用深绿色在枝干的底部叠加一些环境色，让枝干与叶瓣之间有一个衔接。

11 枝干和上面的花朵颜色整体都比较灰暗，能突出主体的绿色叶片部分，而弯曲的枝干姿态则增强了整个画面的生动感。

从心头到指尖，肉宠带来无限可能

嘉和 | Text
Helen | Edit
嘉和 | Photo provided

坐标：四川

达人档案：嘉和

新浪微博「糊糊和和」，喜欢种植各种花草，有5年以上肉龄。管理专业毕业后在国营单位从事培训管理工作。后辞职去私企就职，行业经历有交通运输、医药、纺织、钢铁冶炼等，最大的爱好是养花种草，却和所有学历经历无关。而正是花草顽强的生命力和自我灿烂的那份精神鼓舞着自己在各种逆境下前进。不管是否有人在看，只要有阳光，温度，种子就会发芽，那朵花就会静静地含苞、开放、凋谢。完成它一生中必须的经历。而如果有了你的呵护和关注，它就会在最美的时光里遇见你！

> *有别于别的肉友，嘉和还有一个“独门技艺”——制作铁艺容器。对盆器的追求让嘉和一圈比较下来，最终青睐上了铁艺这个透水透气的特别容器。造型没有合心意的，就自己动手做些特别的容器给那些精灵般的肉肉，也是一件美事。*

说到肉肉，嘉和有5年以上肉龄了，养肉的区域为一个屋顶花园以及一个北阳台。养花种草是嘉和最大的爱好，这和所有学历经历无关，但正是花草顽强的生命力和自我灿烂的那份精神,鼓舞着嘉和在各种逆境顺境下前进。不管是否有人在看，只要有阳光、温度，种子就会发芽，那朵花就会静静地含苞、开放、凋谢，完成它一生中必须的经历。而如果有了你的呵护和关注，它就会在最美的时光里遇见你！如此动人的生命历程，怎能不珍惜不专注。

对于肉肉、植物，嘉和有着说不尽的情怀，现在的她说起各种肉肉的特性、土壤、水份都如数家珍，堪称专家级肉友了。这一切都和嘉和的投入不无关系，嘉和说，很多时候为一株老桩选一个美盆比为自己选一件衣服还要费神，为研究一个品种的配土比为家人做一顿美食还要上心。而你精心的配植料，选盆器，为了追逐阳光而做的一系列不为人知的傻事、囧事，都会化作它萌萌哒的笑容里了！

有别于别的肉友，嘉和还有一个“独门技艺”——制作铁艺容器。也许是为了肉肉花的心思太多吧，对盆器的追求让嘉和一圈比较下来，最终青睐上了铁艺这个透水透气的特别容器。造型没有合心意的，就自己动手做些特别的，亲手设计一个个独特的小风景给那些精灵般的肉肉。于是，嘉和操起了钳子、铁丝。从心头到指尖，为了肉肉，一个新的技艺诞生了，嘉和做的容器好美好萌。一路做下来，肉友爱，人人爱，直到出了一本制作铁艺手作的书《指尖上的铁艺》，真可谓万千可能皆从“肉”来。

01 嘉和将露台花园的一侧，全部留给了多肉植物。

Q：你与多肉植物是如何结缘的？

A：家里最早的一盆多肉植物是哥哥强行分享给我的佛手掌，也叫宝绿。10多年了现在还养着，已经是巨大一盆了，算我家的元老吧，但是真正让我爱上多肉植物却是两个花友的数次强行分享。他们现在一个有了自己的多肉大棚，把自己的爱好做成了事业，另一个医学院毕业后现在已经是副院长了，也还仍然挚爱着多肉。而我则在他们挖的坑里越陷越深，乐此不疲。

01 暴盆的“女雏”，长成这样不知得花费园丁多少的精力和汗水。

02 红稚莲配木质花盆，很原生态的味道。

03 “PP”大party。

04 “马齿苋锦”的枝条很美。

05 “主人，快给换个盆吧，都挤死了”。

06 无论是组合，还是单盆，都很馋人。

07 用石莲花、黑王子、紫珍珠为主材组合的拼盘。

Q：四川的气候对于养多肉有什么需要注意的地方？

A：整体来说四川的气候不能统一而论，要分区域看。整个四川省位于长江上游，西高东低，大致分为川东丘陵区，川西高原、川西南和川北山地区。各区域差异显著，东部冬暖、春早、夏热、秋雨、多云雾、少日照、生长季长；西部则寒冷、冬长、基本无夏，日照充足、降水集中、干雨季分明，气候垂直变化大，气候类型多；地处中部的成都平原面积6000余平方公里，是省内最大的平原，与周边的丘陵地区都相对温和，高温和低温一般不会出现极端数据。

所以只要根据所处地域，掌握好盆土比例和浇水方式，大部分多肉是很容易家庭种植的，个别特别怕冷怕热的品种需要注意采取些防护措施，比如怕热的魔南、静夜、长生草等，怕冷的新玉缀、澎珊瑚（光棍树）等。怕淋雨的十二卷和番杏；叶片带粉的雪莲等；带锦的比普通的更加怕热和不耐晒。而养护方式上也是因人而异，因地制宜。屋顶露台和阳台，阳台是何朝向，封闭与否，不同季节，主人长期在家与否等，都要采取相应的方式。总的养护原则则是根据多肉的习性和自身条件进行适度调整。

大部分的多肉植物都是比较耐旱的，喜阳的，但又是惧怕高温高湿的，而且都有一个阶段的休眠期。如何安全度过休眠期，则是全年养护的重点之一。

在盆器选择上，由于多肉在四川最难过的季节就是高温高湿的夏秋，所以排水散湿是关键。陶盆、土瓦盆比釉盆、塑料盆的排水透气性好很多，小盆、带脚的盆比大盆、深盆、平底盆好很多。

植料配比也是要基于排水透气来考虑的，颗粒最好不低于50%，其余用少许泥炭或椰糠混合即可。市面上常见的颗粒主要有植金石、赤玉土、桐生沙、硅藻土、火山石、浮石、陶粒、碳渣、碎砖粒、粗砂砾、珍珠岩等等，选择其中的2、3种就可以了。

位置摆放则是根据每一种多肉的习性而定，夏型品种比如唐印、新玉缀在炎热的夏季反而生长得很好，到了冬季就要注意防寒防冻，不要在露天被打到霜雪了。景天里的很多莲花类则是冬春型的，那么只要温度不低于0~5℃，都会生机勃勃的，而在酷暑则需要适当遮阴控水了。当然也有很多品种是非常皮实强健的，诸如红稚莲、秋丽、乙女星、蓝月亮、鲁氏、皮氏、紫珍珠、丽娜莲、宝石花、姬胧月、胧月、蓝松、女王花笠、初恋，黛比、蒂亚、观音莲，特玉莲、子持莲花、鹿角海棠、黄丽、珊瑚珠、龙舌兰，薄雪、不死鸟等的存活能力很强，对环境要求比较低，不过要养出更美的状态和颜色则还需要具备其他条件了。而上述的各种情况都必须同时保证良好的通风条件为宜。

Q：你一共种过多少种植物，能给大家推荐几种你觉得最有意思的品种么？

A：我养过的多肉植物还是杂七杂八比较多，粗略数来也有100多种了。景天科的是最多的，而景天科里莲花掌属则是我觉得最有意思的品种， 它在每个季节的变化之大，让我每每不敢相认。不只是颜色可以由绿到红再变黑，叶子长度和厚度也可以有一倍甚至更大的伸缩。最有代表性的就是黑法师和灿烂。

还有就是番杏科的生石花属，如同玛

01 02 03

04 05
06 07

瑙般色彩斑斓的小“屁股”，圆嘟嘟肉呼呼让很多人都会爱它没商量。

Q：听说你为了给多肉配上特别的盆器，还自创了一门手作艺术，快给大家分享一下。

A：玩多肉的前提首先要保证它的安全存活度，然后才能有机会出颜色和状态。所以在总结了经验和教训之后，这几年越发感觉铁艺花器和多肉真的是绝配。

因为是用铁丝编织而成的，铁艺花器周身透气性超强，和普通的半封闭盆器相比水分留存量极少，散失又快，所以即便是在南方整个夏季露天淋雨也不会因为积水造成沤烂，徒长程度也比盆栽的明显降低很多。而在比较干燥的北方，即使天天浇水也不会造成积水，给喜欢浇水的同学解除了后顾之忧。

铁艺花器的自由造型，不再拘泥于花盆传统的桶形、杯形，可以根据个人喜好和植物特性因地制宜，或平铺、或直立、或凌空；可摆放、可悬挂、可移动，增加了它的实用度和空间感。栽种植物时，可以随意分层，错落有致，疏密得当。

铁艺有黑、白、银、铜色等多种颜色可选，与多变的多肉色彩搭配，整体效果更丰富，轮廓和线条更自然，不仅可以增强立体感，更使得花器和植物融为一体，充满生机，做到器与肉共生，肉为器添彩，彰显“钢铁柔情”。而这些都是普通花盆不易达到的。

Q：多肉植物带给你的最大的快乐是什么？今后有何打算？

A：多肉之美，在于其颜色应时多变，形态多变；多肉的魅力，在于无论什么品种，都会有最美状态的那一天。只要有足够的耐心、细心，哪怕是最最便宜的普货，都会有意想不到的震撼之美。所以我觉得更多的快乐来自多肉对自己付出的回报所呈现的各种美丽。

今后的打算就是把喜欢的，但没有养过的品种都能养起来，养出最好状态，改善它们的养护环境，如果能有一个大大的阳光房就是最好的啦！

“*铁艺花器就是用铁丝编制而成的，它周身透气，水分散失快，不会积水沤烂根系，非常适合多肉植物。造型、色彩还能自由发挥。*”

01 嘉和用铁丝编织的铁线莲，挂在花园里，飘逸又优雅。

02 小月亮铁艺花器，肉肉们荡秋千、晒太阳、真美。

03 这样的花篮，无论什么样的多肉，在里面都会很舒服、很美丽。

04 波斯菊铁艺花插，一不小心就“抢镜”。

05 鸟笼铁艺花器，也是多肉爱好者的养肉“神器”。

最美不过遇见你

坐标：温州

达人档案：安妮

1992年生，幼儿园老师。

> 最让我骄傲的是我培养了一批小肉友，在幼儿园，我和我的小肉友们一起建‘地中海’植物角，一起玩拼盒，一起种植物，也一起了解神奇的大自然……

有一个女孩子，时而随性时而理性，这两种完全不搭边的特质在她身上竟然融合在了一起。她常常觉得自己还很年轻，什么都不懂，身上也有一股小小的任性劲儿以及满满的正能量。她曾说过：“我并不是因为年轻才任性，我要任性到老……”对于她喜欢的事情和想做的事情，她可以拼全力去完成，甚至过程中还会带出些许的强迫症，那种感觉可以用五个字形容——累并快乐着。虽然身边的朋友常常会说她是个完美主义者，但那又如何呢？就是改不了这股认真起来的倔强劲儿呀，你看，又任性了不是。这个女孩子性格开朗，很喜欢笑！她还很“花心”。喜欢园艺、钢琴、音乐、摄影、咖啡、跑步、旅游……这些爱好和兴趣已经广泛到不行；但她又很“专一”，到目前为止喜欢的东西一个都没有丢掉呢，还是全心全意地喜欢着。当然，她说自己也有很多的小缺点，那就不一一举例了吧！这个女孩子就是安妮，一个“肉嘟嘟”的女孩子。

当“肉嘟嘟”遇上“肉肉”，让我不禁想起一句话，最美不过遇见你……

和安妮在一起，很阳光很青春，也许是她做幼儿园老师的原因吧，孩子们的灿烂和

赵芳儿 | Text
二木 | Photo provided

01 安妮与幼儿园的孩子们一起建设“地中海”植物角。

精灵也染在了安妮身上。看到喜欢的，说到喜欢的，她的眼睛会亮亮的，就像闪烁的星星一样，让人感觉暖暖的，洒满了阳光。

安妮说自己原来种一株植物就挂一株，种一片就挂一片，那场面，相当壮观！连仙人掌都逃不出这个“魔咒”。心里想想都无奈呢。为什么会爱上肉肉呢？那是在前年三月份，朋友Summer送了安妮一片发出小芽的“黑王子”，当时安妮就惊呆了，一片叶子竟能发出小芽来，肉肉的生命力竟是如此顽强！从那一刻开始，安妮就陷入了肉坑，从此越陷越深无法自拔。这一次，她在心里暗暗发誓，一定要好好照顾这一颗“黑王子”。于是立马去当当网搜索关于肉肉的书籍，买了不少书。书本一到手，认真地翻阅了三遍，恨不得把书本的内容全都印在脑海里。看到书本上的一个个小细节让安妮有点小触动，书上说浇水时，若水滴滴在叶片上面，太阳照上去会烧伤叶片，还有植物种到新泥土前要先洗根晾干后再种，以免感染等等。她这才明白，原来肉肉就像婴儿一样，需要呵护,照顾肉肉最主要是要用心。

Q：说说你与多肉植物的故事是怎么开始的吧？

A：有了二木的书，没过几天，我便上网买了很多肉肉、花盆、营养土。熊童子、子持年华、蛛丝卷绢、蒂亚、姬胧月、南十字星前前后后几十种。买来后一株一株洗根、晾干，再种进花盆。我从没想到有一天自己会如此这般呵护一种植物，虽然弄得全身灰溜溜的，腰酸背痛，我却感觉到满满的幸福感。

在我的悉心照料下，肉肉们悄悄长大了。第一次观察到肉肉的变化，那是很细微很细微的变化，很惊喜，还有满满的成就感。那一刻，我觉得自己就是它们的“妈”！我终于打破了那个种什么挂什么的“魔咒”！接下来的日子就是三个字，买买买。买了植物，缺盆，买了盆，缺土，就这样无限循环。我的肉肉也越来越丰富多彩。每天一回家，就是盯着肉肉看看看！

渐渐的，网络已经满足不了我的购买欲望。我开始打听身边的多肉大棚，一有空就去看看肉，每次都感觉很有收获。有一次自己尝试拼盘，拼完我就开始嘚瑟了！发了一个朋友圈，朋友们都给我点赞留言，其中有几位朋友在我影响下被我带入了肉坑。这样，我更有信心玩肉了。在去年的10月份还去了肉肉前辈二木的花园，做了一切粉丝追星该做的事，签名、合影、唠嗑，够满足的！哈哈，他的花园很真美好呢！

Q：你和肉肉最特别的“交道”是什么呢？

A：我是一名幼师，我爱我的孩子们。所以，我、孩子、肉肉间会有一些与众不同的故事。2014年的植树节，幼儿园组织多肉拼盘活动。每位孩子带一株植物和环保容器。然后我利用这些素材，拼出了几盘肉肉组合，并取了好听的名字：花与爱丽丝、海洋之星、喷泉、心、珊瑚海、时光相框……

孩子们对肉肉都很感兴趣，之后每天会看看教室门口的“植物角”。植物渴了，就拿起水壶给植物解渴，还会和它们聊天。去年，我和我的搭档把教室门口的植物角改造了一番！用简单的KT板还有海绵纸剪剪贴贴，撑起了蓝白相隔的遮阳

伞，摆一张木质小方桌，还用上了搭档在楼梯口捡来的“木窗”。木窗的边缘涂上蓝色，后面钉上钉子，玻璃小瓶穿在麻绳上挂好作为装饰，玻璃小瓶里面装好水，放上肉肉进行水培……蓝白相间的色彩，标志性的游泳圈，英文字母，红酒木箱，贝壳、海螺、珊瑚、海星……很特别的地中海风格呢。

Q：自己的行为能影响到周围的孩子们，很为配身上的“正能量”骄傲吧？

A：是啊，我培养了一批“小肉友”。他们通过植物角，学习到了很多知识。比如，我们让每位小朋友自己动手种过“宽叶不死鸟”，然后一天浇一次水，做好观察记录，后来还做了一个关于“宽叶不死鸟”的知识KT板。孩子们很喜欢。有些多肉植物孩子们不认识，我们便打印了很多的小标签，封塑好贴在牙签上，插进泥土里，供孩子们了解观看。这样，小肉友们便牢牢地被吸引在这里了。

我们还组织家长和孩子在家也玩“创意亲子多肉拼盘”，并将肉肉带到班级，丰富了“地中海”植物角。他们有的将植物种进了玩具汽车里面；有的将排球剪成一半，种进植物；有的用纽扣和彩色绳子对空瓶子进行装饰变成好看的花瓶；有的将洗衣液的瓶子也改造成了花瓶；有的用轻泥捏出漂亮的造型装饰花瓶；有的将塑料盒子变成了“海绵宝宝花瓶”；还有的把植物种进了圣诞小鞋子……真是创意无限。最后，我们给“地中海”植物角取了一个名字——海边小镇。静静看着就很享受......在阳光明媚的日子里，老师们还可以带着孩子们坐在门口晒晒太阳呢。

Q：和肉肉的幸福生活会怎样继续呢？

A：肉肉已经完全融入我的生活了。以后，我想做个幸福的“农妇”，拥有自己的后花园，浸润在花的芬芳里，陶醉在肉肉的海洋里。在这里，任我放肆任我闹……喝杯咖啡，看本书，哼首小曲，又或是喝杯小酒，和蝴蝶翩翩起舞，耳边响起华尔兹……

01 来一锅“肉”吧，味道好极了。

02 “奇怪，我背上的毛怎么变绿了？”。

03 “地中海”植物角的各种植物，老师们贴上标签，帮助孩子们了解植物，接触自然。

04 幼儿园的帅小伙，也是小肉友之一。

05 “地中海”植物角一隅。

左手多肉，右手时光

坐标：云南

达人档案：常常

本名常国晶，86年的金牛座，中学数学教师，很难想象一个拿着数学模型的女教师戴着口罩和手套与病虫害作斗争的样子吧，天生有些小忧愁，幸好金牛很顽强。从认识植物开始，才有了对未来生活真正意义上的规划和启航，目前拥有一个露台的植物，一个梦想和一颗坚定的心。

Helen | Text　常常 | Photo provided

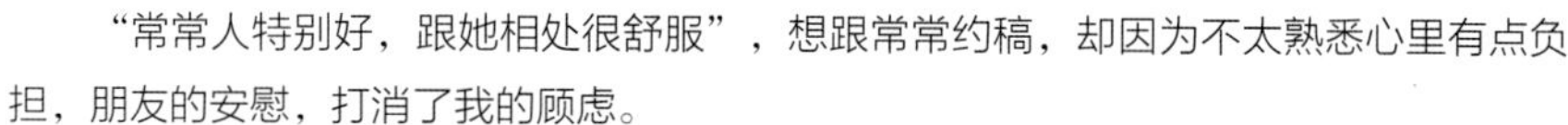

“常常人特别好，跟她相处很舒服”，想跟常常约稿，却因为不太熟悉心里有点负担，朋友的安慰，打消了我的顾虑。

和常常聊天很顺畅，三言两语就相熟了，她说自己是个没情怀的人，还有点小忧愁，但她也说，生活的情怀不该被遮住，暗无天日还是日出明亮全在内心，二十岁不懂涉世，三十岁犹见曙光，你想要的总该有人引路，而那个人就是你自己。

我问常常，”你会和植物说话吗?”，常常说，她瞬间想到了《海鸥食堂》里女主偶遇一奇男子教她如何煮出好喝的咖啡，秘诀就是在冲泡时不停的默念“变好喝，变好喝，变好喝！”一样的材料，一样的步骤，唯一不同的是多了几句咒语，之后喝到咖啡的人都夸赞美味，而女主惊奇且微笑，并不把缘由告诉任何人，让大家只要享受就好。想来常常也会对她的肉肉说几句这样的“咒语”吧。

在常常看来，除了工作的时间，每个人都有或多或少的空闲时间，如果找不到合适的方式来打发，它们将会变成无聊、空虚，渗透你的生活，腐蚀你的心情，这也是“每个人除了自己的事业，都需要有一个骨灰级的爱好”的缘由。爱好是打发我们生活中空闲时间的寄托，它让我们空闲的时间变得丰满、愉悦，从而让我们的生命中的幸福日子的比例攀升。

而养植物就是常常的骨灰级爱好，她说其关键在于“养”字，从配土、种植、浇水、守候并记录她们的生长，这就是对话的过程，你付出劳动，让植物美丽，而你享受她的回报，植物陪伴你经历四季，感知春暖花开风吹叶落，你还可以用双手尝试孕育新生命，感受生命从你手里诞生的惊喜。这和做母亲不同，责任不那么重，你只需对自己负责就好。原来你和植物对话，植物也在和你对话，告诉你生命的不可预测。你担心风吹雨打害怕她们受伤害，她们又用坚韧的成长来回应你的担忧——生命本如此。

我问她，花草各有可爱之处，偏爱或独爱某一个，大多除了其外型，还有些“精神”的元素在被认同，应也是缘分，那么，多肉和常常间有什么相像的地方吗，常常想了想说，应该是“皮实”吧。我也是个皮实的人呢。以前静不下心来做事，会有点浮躁、忧伤、倔强，养了多肉之后，应该说是养了植物之后，先学会了独处，再学会了自我对话，慢慢成长。我不与众不同，我只是坚持过自己想过的生活而已。

都说养植物的人心静如水，常常说，我不静，我每天脑海里排山倒海想养所有美丽的植物，心越大越想努力，越努力就越不满足，越不满足反而越成熟，越成熟就越有梦，梦想在心里滋长，我不知道明天会是什么样子，明年会是什么样子，可我知道我现在就想这样任性的继续走下去，与植物为伴，等哪天自己满足了，那么也就能给大家介绍我自己了。

Q：云南的气候条件对于植物来说是天堂，养多肉植物也是这样吗？有什么需要注意的地方？

A：我生活在云南，是很多肉友流口水的地方，在养多肉以前没有感觉自己拥有如此优越的先天条件，而种植多肉植物以后，这样的骄傲经常会让自己在心里喝彩。但也要注意极端天气，或连续不晴天的情况。

Q：多肉植物萌；养多肉能交到很多朋友；多肉现在很火……花友喜欢多肉有很多种理由，对于你来说，最重要的原因是什么？

A：我热爱多肉不是单纯的因为它拥有或华丽、或可爱、或柔婉、或剔透的姿态，更多的是从多肉身上学会了等待，学会静心凝视。在没有种多肉植物之前，我生活的空白被一些空洞无意义的琐碎填满，那种虚空的感觉让人心里没底，完全是自暴自弃的状态。而萌萌的多肉在四季更迭中变幻着形态和色彩，从春天的全力生长到秋天的色彩斑斓，从最初的着急懵懂到后面的淡定理性，多肉无时无刻不在提醒我，人生的年轮不可能一直精彩绝伦，总会有黯然失色时，它带给我的是生命的另一种诠释。像我能悟出多肉与人生的关联了。多肉植物的乐趣不用我再多说，能养好它们，并用四季守护它们的成长，一棵两棵三棵，一个品种两个品种三个品种；叶插的乐趣，组盆的创意，种植的惊喜无时无刻不在发生……偶然翻出旧照看到曾经的样子，还会惊讶如此丑陋当初还是丑小鸭的它们为何也让我爱不释手，多肉植物就是那么神奇。

多肉于我而言，就像一位久违的老友，它在远方，却事事牵挂，它在身边，相谈甚欢。

我在多肉身上感受到了它们的顽强，它们也教会我要认真对待每一个崭新的一天。只有用全情来热爱，才能拼凑出未来的轮廓，肉肉和生活都是。

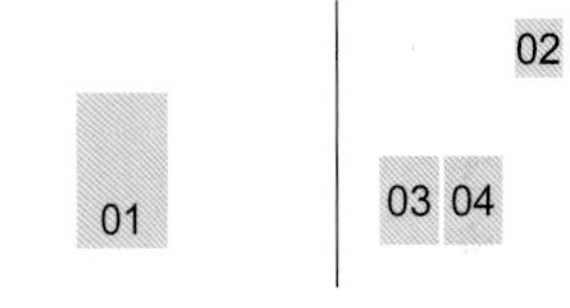

在没有种多肉植物之前，我生活的空白被一些空洞无意义的琐碎填满，那种虚空的感觉让人心里没底，多肉在四季更迭中变幻着形态和色彩，无时无刻不在提醒我，人生的年轮不可能一直精彩绝伦，总会有黯然失色时。

01 主人公常常，喜欢与大自然对话，与植物对话，也与自己对话。

02 ‘指尖海棠’，长生草的一种，红红的边缘就像涂了指甲油般美丽。

03 黄丽暴盆了，它非常喜欢日光浴。

04 莲花座拼盘。单棵很美，组合在一起如群芳斗艳。

01 02
03 04

05 06

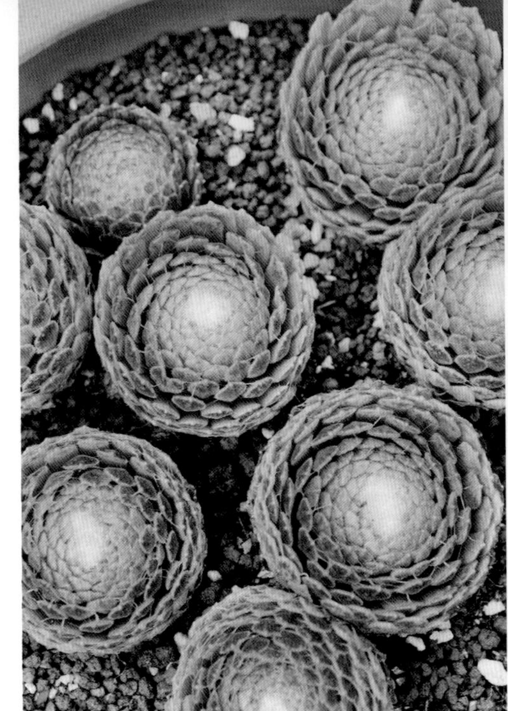

Q：有花友说与多肉植物从相知到相恋有三个阶段：认识阶段（认识它并爱上它），热恋阶段（疯狂地追求收集品种、扩大规模、研究各种玩法），回归平淡阶段，你现在处于哪个阶段？

A：我是2012年末认识多肉的，从此查资料、选购品种、学习种植方法成了我的日常节奏。2013年春天真正开始了多肉之旅，其实更准确的说是开始了一次修行，现在应该还是热恋阶段吧。

折腾植物是我每天最为满足的时刻。春夏秋冬，在露台种植多肉，给它们翻盆，摘枯叶，观察病虫害，防风避寒，记录成长变化是我最开心的事情。我从来没有想过自己会因为一份热爱改变生活习惯，甚至垒起梦想。种植多肉以来，每天欣赏她们的变化，用相机记录成长，感叹时光的同时，自己的心态平和了很多。原来想要的，光有精心呵护是不行的，还需要放慢脚步，提高自己，学会等待。

工作之余，我的所有空闲时间都被植物填满了，学习植物的生长习性，了解光照、温度、水份等对植物的影响，也学习认识品种特性，科属划分，甚至开始尝试杂交多肉，而这一切我是从来都没想过的，它们都充满了挑战和趣味。我在多肉身上感受到了它们的顽强，同时也教会我要认真对待每一个崭新的一天。

在种植的过程中，慢慢积累经验并分享给肉友也是很快乐的一件事，因为种植多肉植物，我认识了很多花友肉友，也学到了各地种植多肉的差别和汲取种植经验。

Q：和多肉之间的爱恋故事你准备怎样续写？

A：比起很多阳台种植多肉的肉友，我也算是幸运的，家里有个几十平米的东南朝向露台，可以供我施展。

可现在的我，已经不仅仅满足于小小露台带给我的满足感，梦想在膨胀！希望在未来的日子里，能通过自己的努力建造一个梦想花园，属于常常的花园，那个花园四季长春，繁花为被，一条长满多肉的小路伸向房屋，路过的人儿，我会为您准备好花园种植的鲜花和多肉，扎一束手捧花，然后轻轻告诉您用左手托起多肉，右手托起时光，它们会带着你到你想去的地方。这就是我的爱恋故事吧。

01、02　各种长生草，非常喜欢它浓烈的色彩。

03　探出头的巧克力方砖让拼盘显得俏皮、活泼。

04　密叶莲“暴盆”的样子。

05　长生草的又一个品种‘蛛丝卷绡’，中间白色的部分是不是很像蜘蛛丝。

06　拼盘，是多肉爱好者最喜欢玩的游戏。

二木花园里的那些多肉组合

二木 | Text & Photo provided

1 小推车

素材名称： 东云、菲欧娜、蒂比、象牙莲、红宝石、虹之玉锦、蒂亚、格林、魅惑之宵、丸叶姬秋丽、小米星等。

年龄： 半岁

组合技巧： 花器口径非常大，较为平面，所以素材以拟石莲为主，为了更有层次感，选择使用大型的东云作为中心，中间穿插一些小叶景天、青锁龙过渡。部分区域还留有一点生长空间，使整个组合看起来不会太挤。

养护要点： 拟石莲一类是最喜欢日照的，所以放在阳光最充足的位置。平均一个月浇水1~2次，每次浇水量大概为整个花器容量的1/4。定期检查是否有虫害。

2 月亮船

素材名称： 虹之玉锦、新玉缀、秋丽、姬胧月等。

年龄： 1岁半

组合技巧： 分为上中下三个部分，最上方使用秋丽，中间使用了姬胧月、虹之玉锦等不太容易长高的品种。最下方使用新玉缀来作为垂吊部分，使整体结构比较完整。同时颜色搭配冲突也很大（新玉缀常年绿色，其他品种大部分会很红）。

养护要点： 挂篮里的介质使用了水苔和椰壳。使用椰壳垫在底部，透水性非常好，甚至会经常处于缺水状态。放在阳光最充足的地方，平均10天浸水一次，取下来放到水桶里彻底浸泡3分钟。一定要定期检查病虫害，发现有病的立即挖出来，不然挤在一起很容易互相感染。

3 四羊方尊

素材名称： 唐印、仙女杯、白蜡东云、白凤、紫珍珠、黄金万年草、八千代、姬胧月、丸叶姬秋丽等。

年龄： 1岁

组合技巧： 方形花器，优选大型拟石莲一类分布几个角落区域，中心处选择较有高度且不容易变形的仙女杯来衬托整个组盆的结构。中间缝隙处用景天科风车草属和景天属的小叶型植物过渡。

养护要点： 都是喜阳的景天科，放在日照最充足的位置。一个月浇水1~2次，每次浇水量浸湿表层土壤2~3cm。由于花器较大，难免会有小棵感染病害死亡，需要定期检查，发现后挖出来更换即可。

4 一帘幽梦

素材名称：马库斯、花月夜、新乙女心、天狗之舞、胧月、大卫、姬胧月、珍珠吊兰、小玉等。

年龄：1岁

组合技巧：中间平面部分使用了拟石莲、景天一类，生长速度不算太快，又能保持漂亮状态。为了支撑整个组合，在中间加入了天狗之舞（生长迅速，并且呈树状展开，向上生长），而下方又使用了珍珠吊兰。使整个组合从上至下显得比较完整。

养护要点：挂篮里的介质使用了水苔和椰壳。使用椰壳垫在底部，然后再把浸湿的水苔放在里面。平均7天左右浸水一次，取下来放到水桶里彻底浸泡3分钟，再挂起来。忘记了，一个月浸水一次也没关系。如果想植物生长更快一些就频繁浸水，完全不用担心会涝死，因为水分流失非常快。日照方面最好是挂在阳光充足的位置，颜色会更鲜艳一些。挂在阳光少的地方也没问题，只是大部分多肉会变为绿色。

无孔不入

素材名称：铭月、秋丽、马库斯等。

年龄：1岁半

组合技巧：利用花器本身的特点，想塑造一种从陶罐里长出植物来的感觉。所以在植物选择上，运用了铭月、秋丽、马库斯这类容易长出长长枝干的品种。由于花器本身不好摆放，于是选择挂起来更能够凸出这种感觉。

养护要点：放在日照充足的位置，花盆底部土壤很少，以粗砂为主，粗砂70%+30%泥炭土。日常10天左右浇水一次，经常忘记一个月浇水一次也没问题，浇水浇透

6 多肉一篮筐

素材名称：圣诞东云、塔洛克、花月夜、铭月、胧月、黄金万年草、巧克力方砖、秋丽、黑兔耳、马库斯、虹之玉锦等。

年龄：3个月

组合技巧：使用拟石莲属与景天属交叉搭配，依托藤编篮框的自然属性，凸显多肉植物色彩美，所以颜色也选择了好几种比较显眼且具有代表性的。铭月——橘黄色，巧克力方砖——巧克力色，黄金万年草——亮黄色，塔洛克——红色，胧月——白色等，五彩斑斓。

养护要点：花篮深度为15cm左右，底部用麻布垫上一层防止土壤流失，然后铺上1/3浸湿的水苔，最上层再放土壤。放在阳光充足的位置，10天左右浇水一次，直接浇透。生长饱满后，可以一个月浇水一次。日常维护要重点检查虫害，植物太过密集很容易隐藏介壳虫在里面。

7 盛开的木椅

素材名称：新玉缀、钱串、花月夜、长生草、虹之玉、广寒宫、红旗儿、莲花掌等。

年龄：1岁

组合技巧：这个就非常随意啦。捡来的旧椅子，觉得丢掉可惜，随意选了一些景天类的多肉植物种上，为了让效果更自然一些，大部分选择的都是景天属这类，容易长出枝干，后期生长会像野外一样看起来非常自然。

养护要点：底部使用铁丝网进行固定，在铁丝网里塞入水苔，再将多肉植物们栽种在水苔上，方法和做花环、鸟笼是一样的。初期为了根系能够生长健壮，平均7~10天就要浇水一次，3个月植物适应这个环境后可以改为一个月浇水1~2次。放在日照充足的位置，南方花园里露天摆放也是可以的。后期完全随植物自然生长就可以了。

8 盛开的旧课桌

素材名称：紫弦月、铭月、秋丽、马库斯、蒂亚、姬胧月、塔洛克等。

年龄：半岁

组合技巧：木桌内部使用容易长高的素材：铭月、塔洛克、秋丽等，后期生长中会慢慢铺满整个课桌。最前方使用垂吊的紫弦月来弥补下方空白的空间，晒出紫色花后也非常美，整体流线型很好。预计要1年后才能体现出它的美。

养护要点：课桌空间较深，底部同样使用了水苔，铺满1/2深度，再在上面填土壤栽种。由于透气性相对差一些，介质也比较保水，一个月浇水2次比较合理。春秋生长季节可以10天左右浇水一次，让景天们生长得更快，后期也可以一个月浇水一次，每次不需要浇透。课桌容量1/3左右就可以了。

9 枯木逢春

素材名称：魅惑之宵、爱染锦、秋丽、姬秋丽、马库斯、塔洛克、蓝松、新玉缀等

年龄：1岁

组合技巧：由于枯木桩比较长，为了让整体看起来更自然，我选择分成几个区域来布置植物。就好比把4个组盆同时放在了一个木桩里一样。使用大型的拟石莲和容易长高有层次感的莲花掌系列、蓝松等来做高低层次。栽种时颜色岔开，避免同色相撞即可。正面使用新玉缀等容易垂吊的品种。

养护要点：木槽为无孔的，无法排水，直接使用土壤栽种，保水性比较好，加上木材容易出现病菌感染，浇水就一定要少了。日照充足的环境下，1个月浇水1~2次，后期可以2个月浇水1次。也要多检查病虫害，发现变黑枯死的要迅速拔出来，重新填补新的植物进去。

10 关不住的春色

素材名称：紫弦月、初恋、铭月、马库斯、天狗之舞、胧月、新玉缀、蒂亚等

年龄：1岁

组合技巧：鸟笼的栽种方式已经介绍过很多次了，这个鸟笼主要采用将枝干从外往内栽种的方式，让多肉植物们看起来就像是从鸟笼里长出来的一样。下方使用紫弦月和新玉缀做垂吊，使鸟笼看起来更自然饱满。最中间内部使用了容易长高的天狗之舞，一定不要用拟石莲，不然太过平坦看不见。

养护要点：鸟笼内部使用100%的水苔栽种，不能使用土壤，不然会洒落。挂在日照充足的位置，初期采用喷壶喷水的方式，一周一次。待植物们的根系都生长健壮后（2~3个月），改成一个月浸水2~3次。日常管理注意检查介壳虫害即可，非常简单。如果部分死掉也没关系，其他多肉们会迅速占据空余空间。可以挂在阳台、花园内。

11 快乐一家亲

素材名称：红伞（大拟石莲）、特玉莲、黑王子、马库斯、铭月、钱串、乙女心、花月夜等。主要使用拟石莲与景天属两大类。

年龄：1岁

组合技巧：由于篮框是一个较为整齐的平面，不太适合全部栽种景天类，否则后期生长看起来会很乱。所以选择了以拟石莲为主的组合，用大型石莲固定几个点，然后使用小型景天穿插其中，其实与小型组合盆栽是一个道理。

养护要点：篮框深度约20cm，所以最底部10cm使用了水苔垫高，再往里添加土壤栽种。篮筐本身透气性很好，不过介质的保水性又很好，所以浇水一定不要过多。春秋生长季节一个月浇水2~3次，每次浇到5cm左右深度。后期植物都饱满了可以一个月浇水1次。放在日照最充足的位置。

12 童年的小车轮

素材名称：虹之玉锦、胧月、铭月、秋丽、乙女心、姬胧月、小美女等。

年龄：半岁

组合技巧：小车上的容器都是无孔的，所以选择了最皮实的常见品种，避免浇水过多导致腐烂。为了让整个小车看起来有爆棚的感觉，选择了风车草属与景天属两类多肉植物，这两类植物特点生长迅速，可向上可垂吊，非常适合用于立体栽种。生长一段时间后看起来会更加饱满。

养护要点：放在日照充足的位置，一个月浇水2次左右即可，一定不要浇水太多，没有出水孔很容易引起腐烂。日常管理可以观察植物状态，发现褶皱缺水可以少量浇一点。

多肉如何变盆景

二木 | Text & Photo provided

盆景是我国优秀的传统艺术，它以植物和山石为材，在花盆中塑造大自然优美的景色，并达到缩龙成寸，小中见大的艺术效果。其实，多肉植物经过多年的养护及适宜的造型，也能培育成极美的盆景，表现出深远的意境。

1 达摩福娘

年龄： 1年半

容器选择： 属于陶盆，透气性较好，底部无孔。

土壤选择： 粗沙60%，泥炭土40%，颗粒较多。

养护要点： 初期为了让植物根系生长更快，1个月浇水3次左右。植物生长健康后，目前为1个月浇水1~2次，保持缓慢生长速度。给予最充足的日照环境。

造型技巧： 根据花盆搭配植物。花盆口径较小，所以不适合栽种枝干粗的品种，更不适合栽种平面生长的，所以选择了可以垂吊并且生长速度还不算太快的达摩福娘（还可以选择新玉缀，但珍珠吊兰并不适合）。

2 静夜

年龄： 3年（叶插单头开始养）

容器选择： 拇指盆，口径2cm，底部有孔（不要使用红陶类透气性极强的）。

土壤选择： 60%左右粗沙＋40%泥炭土

养护要点： 选择有根的幼苗栽种，初期一周左右浇水1次，2个月稳定后浇水间隔时间拉长，一般1个月2~3次，现在为了让它几乎处于停止生长状态，1~2个月才浇水1次。一直保持最充足的阳光照射。

造型技巧： 根据花盆搭配植物。由于是迷你盆栽，需要注意一定放在阳光充足的位置，如果出现徒长现象，很快花盆就会容不下植物。出现徒长只能重新选择幼苗。所以为了让盆栽造型更加稳定，选择了拟石莲花属的静夜。

3 薄化妆

年龄： 2年半（小老桩开始养）

容器选择： 高温陶花盆透气性很好，花盆底部有孔。

土壤选择： 粗沙60%，泥炭土40%

养护要点： 日常管理给予最充足的日照，浇水1个月3次左右，能够保持植物缓慢生长。

造型技巧： 根据植物搭配花盆。薄化妆属于景天科景天属，生长速度相对于其他多肉植物来说更快一些，很容易长出枝干，但短时间内也不会像莲花掌一类长得太长，所以选择了高度比较适中的花盆来搭配。日照充足的情况下，可以保持盆栽很多年都不变形。

4

红卷叶

年龄：2年半（小老桩开始养）

容器选择：高温陶盆，底部孔很大，透气性很好。

土壤选择：粗沙70%，泥炭土30%，颗粒较多。

养护要点：日常主要检查虫害，由于生长太过密集，很多地方不易检查，介壳虫经常暴发。1个月浇水1~2次，甚至1个月浇水1次也不会出现叶片褶皱缺水的现象。给予最充足的日照环境。

造型技巧：根据花盆搭配植物。由于花盆属于收口型，又非常高，所以选择了一株红卷叶的小老桩栽种。初期频繁浇水，一个月4次左右，给阳光也少一些，让植物加速生长。待长到自己想要的高度后，再慢慢移到阳光充足的地方，并且少量浇水，最后就自然地长出了现在的造型。

5

华丽风车

年龄：1年半（小老桩开始养）

容器选择：高温陶盆，底部孔很大，透气性很好。

土壤选择：粗沙70%，泥炭土30%，颗粒较多。

养护要点：老桩的华丽风车容易突发性烂茎干，所以平时浇水很少，春夏秋一个月1~2次，冬天一个月最多一次水。日照上稍微柔和一些，可以放在避开强光的位置。另外土壤中的颗粒性也很重要，颗粒多一些会比较好。

造型技巧：根据植物搭配花盆。首先，这种老桩枝干需要很长时间才能长出来，不像其他品种。华丽风车的枝干上大部分只有一个头，这种多年生老桩看起来会很杂乱，所以最适合选择高盆栽种，根据枝干长度选择花盆高度（花盆高度大于枝干长度）这样的比例看起来才会更加自然。

6 蓝色天使

年龄：2年半（单头开始养）

容器选择：高盆，花盆上不需要太多花纹（后期植物会垂吊下来挡住花盆），盆底孔大，透气性好。

土壤选择：粗沙70%，泥炭土30%，颗粒较多。

养护要点：日常管理重点检查虫害，因生长较快，很容易群生挤在一起，加上叶形密集，是介壳虫喜欢的类型。日照是每天必须的，晒得越多状态越好。浇水初期可以频繁一些，大概7天左右一次。后期长出长长的枝干后可以一个月1~2次浇水。

造型技巧：根据花盆搭配植物。初期根据花盆造型特意选择的能够往下垂吊的品种，蓝色天使具有拟石莲的血统，后期生长会因为重力原因导致枝干往下生长，而枝干顶端又会长出一颗颗松果球，是非常理想的造型品种。

7 凝脂莲

年龄：3年（单头开始养）

容器选择：瓷质无孔花瓶，不透气（填土前垫上整个花盆1/3容量的颗粒石子做隔水层）。

土壤选择：粗沙70%，泥炭土30%，颗粒较多。

养护要点：初期日照不用太多，使其徒长，1个月浇水3次，等待枝干长出到理想长度后，再适当控水，1个月浇水2次。这时慢慢增加日照时间，让枝干木质化。后期1个月浇水1次，每次浇水量不要太大，按照花器容量的1/3即可。

造型技巧：根据花器选择植物。这是一个陶瓷花瓶，按照正常理论并不适合栽种多肉植物。但实际上多肉植物的栽种真的没有局限，任何东西都可以变成花器，只要后期养护得当，知道植物需要什么，都能够生长得很好。所以这次选择了习性强健的景天属凝脂莲，生长习性也是往下垂吊，非常适合这个花器。

8 霜之朝

年龄：4年半（单头开始养）

容器选择：高盆，表面带釉，内部为粗陶，底部有很大的出水孔，透气性好。

土壤选择：粗沙70%，泥炭土30%，颗粒较多。

养护要点：拟石莲这类植物需要放在阳光最充足的位置，要时常清理底部干枯的叶片，这些地方常会聚集非常多的介壳虫。浇水大概1个月1~2次，春秋季节如果为了植物生长更快一些可以7~10天浇水一次。

造型技巧：根据植物选择花盆。这是后期根据枝干形态来搭配的花器。由于是拟石莲，生长速度较慢，初期为了长出枝干，需要放在日照少一些的地方（每天直射阳光2小时内）。大概需要2年时间，徒长起来后，再慢慢增加日照时间就可以了。需要注意拟石莲类如果一开始就放在阳光充足的地方，长出这样的枝干大概需要花费5年以上的时间。后期造型固定后，放在阳光充足的位置，基本不会有太大的变化。

9 桃美人

年龄：3年（小老桩开始养）

容器选择：肚子比较大的高盆，粗陶盆，底部有很大的出水孔，透气性好。

土壤选择：粗沙70%，泥炭土30%，颗粒较多。

养护要点：放在日照时间最长的位置，平均一个月浇水1次，日常管理主要检查叶片比较密集的区域，清理介壳虫，不需要施肥。

造型技巧：根据植物选择花盆，由于植物肥厚，根系强壮，选择了一个肚子比较大的花器，容量大利于根系生长，与植物的比例也会协调。初期为了枝干能够长得更快，浇水会频繁一些，平均10天左右一次。造型稳定后很少浇水，将底部多余的叶片适当清理掰掉，露出枝条会更美一些。

10 小玉

年龄：5年（3头开始养）

容器选择：高盆，口径小，盆底孔大，透气性好。

土壤选择：粗沙70%，泥炭土30%，颗粒较多。

养护要点：放在每天阳光直射3小时以上的位置（日照多一点叶片会变红，少一点变绿，但都不会影响株型），浇水1个月2次，每次浇透。由于叶片过于密集，被介壳虫感染后也不太容易被发现，所以要在春夏秋三个季节，定期喷一下药水。

造型技巧：根据植物选择花盆。最后一次换盆是在2年半前，小玉生长起来后习性和吊兰是一样的，所以选择了高盆来搭配，并且花盆口径很小，过大的口径会显得很不和谐。不过这样以后再没办法换盆了，不然会断落很多。要知道从3棵1cm多的小头，养到这么大得多难啊！期间好几次严重徒长，就像野草一样，然后增加日照使枝干木质化。反复3次，才最终变成了现在的造型。

11 乙女心

年龄：1年半（小老桩开始养）

容器选择：高脚盆，口径小，陶盆，底部出水口很大，透气性好。

土壤选择：粗沙70%，泥炭土30%，颗粒较多。

养护要点：放在日照最充足的位置，平均1个月浇水2~3次，每次浇透。日常管理主要是检查虫害，适当的清理底部干枯叶片和气根。

造型技巧：根据植物选择花盆。此株最早是一棵没人要长满虫子又难看的乙女心，拿到后重新进行清理清洗，先在塑料小黑方内栽种恢复状态。待状态稳定后，才选择了现在的花盆，这样搭配后未来几乎不会生长多大（花盆透水快，加上内部空间固定，根系不能再发展，所以植物会保持这个状态缓慢生长）。

上帝的后花园——纳马夸兰

二木 | Text
二木 | Photo provided

有一个地方，那里被誉为『上帝的后花园』，也被戏称为『阿凡达星球』。只因为那里，有许许多多我们平常见不到的植物，尤其是各种各样的多肉植物。花开的季节，便是它们的狂欢节，整个陆地被它们装扮成金灿灿的海洋。它们在那里肆意地生长，尽情地撒野，完全不同于我们在花市和大棚里看到的样子。如果你是一位多肉爱好者，一定要去这个地方，因为，所有的语言和画面，都无法替代身临其境才能感受的震撼。

01
02 03
04 05

纳马夸兰（Namaqualand），位于南非西部地区，面积非常广阔，是一块荒凉、干旱的荒漠地带，这里的植被大部分都是多浆植物，其中以番杏科为主，大戟科、景天科等种类非常丰富。

它也是世界上最特别的地区和地球上最不寻常的荒漠之一。保护国际基金会(Conservation International)已认可该沙漠为地球上唯一的生物多样化干旱地区，并将其列为世界上25个最具生态价值的地区之一。在这片干旱的大地上生长着近3000种植物，绝大多数在地球的其他地区都未发现。并且新物种还在不断的被发现。这里是多肉植物的天堂，也是植物爱好者的天堂。

尽管来南非已经几次了，但那里真的有魔力，吸引着我去过一次，再去一次，然后还想去N次。那里带给我的惊喜太多，震撼太多，收获太多……

会变魔术的小花海

纳马夸兰国家公园（South African National Parks）是最著名的赏花圣地，每年当地的春天到来时（9月），这个半沙漠地区会魔术般地变成花的海洋，令人眼花缭乱，震撼的场景无法形容。不过花期只有短短的一个月时间，也是一年之中最宝贵的一个月，因为全年只有这段时间会降雨，30天里大概有20天都在下雨。所以如果前往并观赏到花海，回家一定记得买彩票噢！在纳马夸兰流传着这样一句话“在游览纳马夸兰时会两次落泪，第一次是在你抵达时，第二次是在你离开时。”

国家公园里的多肉植物品种不多，但数量庞大，花海里所看到的黄色花朵几乎都是番杏类的多肉植物。而我们所看到那些红、蓝、橘黄、白、粉，五彩斑斓的花朵大多是雏菊类，并且每年花海的颜色都会有所改变。由于植物的种类、花期不同，在同一个地点一年之中能够看到不同颜色的花海。而每年也会因为动物迁徙、洋流、风向等因素，改变这里花朵的种类比例，也正是这些自然因素造就了现在的上帝后花园，一副每年都会改变的油画落在了这里。网上介绍大家熟知的“生石花”原产于这个地区，实际上有一定误区，因为纳马夸兰地区很大，而国家公园只是其中很小一部分。野生的生石花品种大都在最北面接近纳米比亚的地区。

箭袋树森林——阿凡达星球

在纳马夸兰国家公园周围还有许多保护区，来这些保护区的人并不多，如果对植物不感兴趣也许觉得是一片荒芜，但对于植物爱好者来说，这里就是天堂。其中非常著名的一个地区“箭袋树森林”，有一片传说中的芦荟树森林，一种长成树的多肉植物！

01 面对这样一片无尽的花海，可不能只是淡定地张大嘴巴喝喝彩。

02 巨大番杏开出的超大花朵。

03 ‘T属海带弹簧草’，是最珍贵的弹簧草品种之一。

04 给箭袋树来个特写。

05 它们总是喜欢呆在石缝里。

芦荟树，属于芦荟科，当地称为“箭袋树”。古人就用这些干枯的枝干作为箭袋（枝干干枯后呈中空状态），因为背起来非常轻巧，枝干纤维度较高，也不容易坏掉，便于携带更多的箭，所以才被称为“箭袋树”。这是全球唯一一处这么大面积集中生长的野生芦荟树森林，除了纳米比亚部分地区零散的能够看到一些外，再也找不到密度这么大的地区了，在南非也只集中在这一个峡谷里。能够亲眼目睹，并且与当地的植物专家一同登山，了解这些芦荟树及当地多肉植物的品种与习性，真的是太幸运了！

这个地区在南非名气不算很大，只有深入纳马夸兰地区才会偶尔遇到“箭袋树”的路标指示牌。就算是当地人，到这里来的也不是很多。因为这里属于保护区，完全未开发，正常情况下也是不允许游客上山的（有保护站，必须在当地植物专家陪同，并且提前预约得到许可才可以登山）。如果不是爱好者或科研人员，一般游客只能远远拍照后离去（保护站工作人员都是有枪的，周围100公里内都没有旅馆和饭店），所以来这里的人很少。。

这个地区据说几乎全年无雨，它们依靠着空气中的水分生存，早晚巨大的温差会将空气中的水分凝固。别看芦荟树这么巨大，死掉后水分会很快蒸发流失，剩下干枯的枝干非常轻，一个人就可以单手轻松地举起一大棵枝干。

活着的芦荟树，枝干特别硬，和普通的树没有什么区别，地上干枯卷起来的叶片都是树顶芦荟新陈代谢掉下来的，这一点倒是和景天相似，生长新叶片的同时底部的老叶退化干枯掉落。

01　来到“箭袋树森林”，好像来到了“阿凡达星球”。

02　又是石缝，所有的多肉植物好像都钟爱石缝。

02

01

03

01 国家公园内简易的咖啡馆和餐厅。

02、03 南非排名第二大的多肉植物苗圃，不像国内，南非本地野生植物资源丰富，所以苗圃都很小，大都是爱好者建立的。

据同行植物专家说，芦荟树的年龄可以采用数头来计算，一棵树顶一个头需要5年时间才能长出来。所以这里树龄小一点的平均一棵在150~250岁左右，大一些的能有500多岁呢！这里的山上只有这一种树木，看起来是不是很像阿凡达星球。

这里除了芦荟树外，可见的灌木全都是番杏科的多肉植物，花期一般在每年3月份左右，这与教科书上说的又不同呢！所以许多地方一定要亲自来体验感受后才能体会这些植物的神奇之处！在低矮的多肉灌木丛中还发现了许多不同品种的“弹簧草”，其中被誉为最珍惜的‘T属海带弹簧草’也有发现。如果大家也有机会前来，留下照片就好啦，保护好这里的原始环境最重要！

去之前要做好充分准备

其实想来到这里并不是太容易，常规旅行团是不会到这里的。如果想自驾前往，最好找一位当地向导带路，一路上会安全很多。如果选择从开普敦直接驾车到纳马夸兰国家公园可能需要8小时左右，可以选择居住在中途的一个小镇上，用小镇作为中转站前往各处保护区，这些保护区内大部分是没有餐厅的，更没有住宿酒店，所以要在当天返回。一路上和国内不同，没有太多房屋建筑，感觉就像在荒漠里奔跑一样，大部分地区都属于保护区或者私人领地。虽是国家公园，但这里也并没有进行开发，只是修了一条公路供游客进入，公园内只有很小很简单的一个可以坐下来咖啡馆，简餐的餐厅，其余的全是自然景观。花丛中还有许多野生动物，有斑马、瞪羚、陆龟、猫鼬等等。

纳马夸兰，上帝的后花园，也成为我最梦想之地，为了能够再次前往深入学习这些植物的知识，现在还在努力的学习准备中！希望有朝一日能够像国外的植物学家们一样，到这里住上一段时间，好好的观察、了解它们。

Succulents
the rare and sought after
mini succulent gardens
single plants sold uprooted
combine your own for a mini succulent garden

krap ogies

因为你，我的生活半径在扩大

Helen | Text
狐狸 | Photo provided

坐标：济南

达人档案：狐狸

一个胖胖的85后济南妹子，英语专业毕业，先后做过专卖店店长、连锁超市商品质检等多份工作，现在一家文学网站工作。属于熟人面前人来疯，陌生人前少言寡语那一类人。平时喜欢养花弄鱼、制作美食、读书旅游，当然最喜欢的还是跟多肉有关的一切。随着年龄的增长，越来越喜欢简单安静的生活，因为越简单越容易幸福——有时脑洞大开，想要变身成多肉植物，什么都不做，只安安静静的晒太阳……

狐狸这个名字，听上去给人——滑溜溜的感觉……你懂的，但是与狐狸聊天，却能很轻易就能感受到她山东女生的爽朗和热情，在人前，狐狸也是那种比较洒脱的有男孩子性格的妹子。当我弱弱地问了一句，为什么叫狐狸呢，她笑了一通说，喜欢《山海经》里的九尾狐啊。哇，好特别的妹子。

狐狸在一家文学网站上班，工作不算忙。从小喜欢花花草草，无奈皮肤敏感，只能看不能养……长大之后，自身抗性也在慢慢变强，终于可以养花弄草了。养了些君子兰、滴水观音、蟹爪莲，狐狸笑言，有时感觉自己就跟老干部似的。两年前与多肉结缘，颇有一见钟情的感觉，好喜欢，好心动啊。于是一入坑就热情高涨，直奔专业级。于是，朋友圈也在不断扩大，内心的幸福感也在不断延伸……

“不管怎么说，跟植物打交道，没有那么多的“人情世故”，你对他们怎么样，他们对你的回馈就是什么，简单明了。现在越来越觉得，做人，也是越简单越容易幸福了。以前看过一段话，一直觉得说得很好——与植物呆在一起，人会变得诚实、善良、温柔并懂得知恩必报。”

02 03
04 05

01

狐狸笑称自己和肉肉一样，是个有点阳光就灿烂的人，悄悄地偏爱肉肉中莲花座的那种，觉得好有禅意。她说养些花花草草确实可以改变一个人，以前的自己风风火火的，真的就是“风一样的女子”，养了肉肉之后，脾气慢慢变得没有那么急躁了。以前是喜欢热热闹闹的生活，现在更加倾向于安静了。独坐家中一隅，点一根香，冲一壶茶，抑一本书可以安静地坐一下午。当然，也需要有肉肉们相伴，因为感觉它们也是很安静的植物呢。看着自己一片片的多肉宝贝，偶尔也会在心里对它们说，要乖乖的哟。

说起来，狐狸还是个很有“法力”的人，她说只要自己一给肉肉浇水，三天内一定下雨，简直是欲哭无泪的节奏。就算是天气预报说了是大晴天都不行，很崩溃，也很愧疚，觉得没照顾好肉肉。

狐狸说，不管怎么说，跟植物打交道，没有那么多的“人情世故”，你对他们怎么样，他们对你的回馈就是什么，简单明了。现在越来越觉得，做人，也是越简单越容易幸福了。以前看过一段话，一直觉得说得很好——与植物呆在一起，人会变得诚实、善良、温柔并懂得知恩必报。世上没有虚伪的植物，没有邪恶的植物，没有懒惰的植物。植物开花不是为了炫耀自己，它是为自己开的，无意中把你的眼睛照亮了。植物终生都在工作，即使埋在土里，它也不会忘记自己的责任。你无意洒落一滴水，植物来年会回报你一朵花。没有谁告诉它生活的哲学，植物的哲学导师是深沉的土地。

01 为了给多肉争取到更多的地盘，狐狸将阳台探出去封闭起来，还不够，又做了防盗网。对“肉肉”是“真爱”啊。

02 原始姬莲配上自己捏的花盆，特别又可爱。

03 防盗网变成了双层花架，这是上面的一层。

04 狐狸的星星，花盆是微博抽奖的奖品哦。

05 还未成形的花环，期待这个春天他们尽快开枝散叶。

> 新来的肉肉一定要清理，旧土丢弃，清理根系，最好用“护花神”或者清水冲泡一会，晾干再上盆。虽然麻烦点但是后期真的会很省事。

Q：是怎么走进多肉的世界的？

A：那是2012的初春吧，一次逛市场无意中买到一盆现在看上去很不起眼的观音莲，顿时以前养的蟹爪莲啊，君子兰啊，都不见了，觉得新世纪的大门打开了……

当时觉得这种植物——小小的萌萌的莲座形的，还会变色，简直刷新了我20几年的认知！于是乎把家里的其他植物统统送给了额娘，只专注于这一种植物——多肉植物。

刚开始接触这种小东西，完全摸不到头绪，按照以前养草花的经验来养它们，一切都小心翼翼的，当时无意中看到肉肉达人二木的博客，瞬间整个人都懵了——什么？这些小植物竟然有这么多的种类？瞬间开启买买买的模式。现在来看当时犯了个愚蠢的错误：大量的肉肉进门，我却还不知道到底如何才能养好。

Q：济南的气候适合种多肉吗？有什么妙招跟大家分享的？

A：只要方法合适，济南的气候是可以将多肉植物养得很好的。我是经过一整年，大概地摸清了济南的季节变化对多肉植物的影响，有了些自己的经验。

简单地说，济南这边春天短，冬天结束基本就是夏天了，所以不太建议济南的小伙伴在春天买肉肉。因为还没有服盆、长结实，就要开始度夏，如此肉肉们难逃一死啊。丰富的地下水，加上雨水，使得济南的夏天变成一个超大型的蒸笼，非常不利于肉肉的生长。夏末秋初才是比较合适的时机。

Q：你的肉肉是露养，还是也像大多数花友在阳台上？有什么区别？

A：露养阳光充足，通风透气，当然对肉肉的生长会更有利。我是去年开始露养的，但因为经验不足，也受过打击。

首先就是防止阳光过猛带来的伤害。去年露养时因为无法悬挂防晒网，中午阳光直射下，近60℃的高温，很多娇贵的品种直接蒸熟了，那个让我心疼啊。

其次就是防虫。之前在阳台里面养的

时候，并没有很多关于虫子的烦恼，自从今年春天开始露养之后，介壳虫大规模暴发，各种蛾啊、蝶类相继前来产卵。土招窍门都用了，对它们一点都没有杀伤力，好捉急。后来经花友推荐，使用了一种内吸式的药，一切搞定。

后来总结，虫害暴发归根结底还是自己懒，新买来的肉肉没有处理，就种上了。所以再给大家提个醒，新来的肉肉一定要清理，旧土丢弃，清理根系，最好用“护花神”或者清水冲泡一会，晾干再上盆。虽然麻烦点但是后期真的会很省事。

尝到了露养的甜头，我把家里的阳台重新改造一番，探出去40cm，封闭起来，又做了探出35cm的防盗窗，将肉肉放到防盗窗里，这样就可以实现露养了。但是这样有个问题，就是无法悬挂遮阳网，所以出现了上文中所说的晒熟了的肉肉。

Q：爱上多肉，对你最大的改变是什么？

A：前段时间看微博，看到有人提了一个问题，说养花养草又不当吃不当喝还花这么多精力和金钱，图什么？

其实，对我来说，肉肉除了本身的魅力，它更是我与外界联系的一个媒介，让我的生活半径不断扩大。通过小小的多肉，我认识了很多好朋友，甚至出门旅游都住在花友家里。我们互通有无，相识是相知，由普通的网友、花友变成了真正生活中的好朋友。

另外还想分享一件神奇的事儿：上初中时我有个关系非常好的同学，毕业后失联了。后来在一个多肉植物群里，她说我很像她一个朋友，并说出了朋友的名字，我也叫出了她的外号。失联多年，却在这里“相认”，这就是多肉带给我的惊喜。我们现在处得比当初更要好，经常串门，她儿子也管我叫妈。

Q：关于肉肉，今后还有什么计划么？

A：前段时间有花友给我提出一个建议——可以直接利用楼顶天台，因为我家是顶层，所以我们可以建一座阳光花房，既有更好的环境来养肉，又可以解决夏天下雨楼顶漏水的问题，一举两得。这主意好得让我小激动了一阵，近来一段时间都在做功课，争取明年春天之前把阳光房建好。到时候肉肉肯定是更美了。

01 02 03

04

01 鸟笼“神器”，差不多每位花友必备。

02 子持白莲配拇指盆。

03 纯手工的花架，与拇指盆很搭。

04 不知名的番杏和碧玉莲，朋友送的。

灿烂千阳

青瞳唯玉 | Text & Photo provided

坐标：贵州

达人档案：周婧豪

贵州生贵州长大，上海读了4年大学学习工业设计，也算是与艺术靠边。09年回到故乡，开始了普通的公务员生活。最大的理想是有一个大房子和一个大花园，在里面种花弄草，再养两条大狗。一晃6年，理想居然实现了。在自家花园从静夜开始养起，到拥有一个几千盆多肉的私家多肉花园。陷入所有园丁换土买盆组盆的死循环。但是呢，生命就是这样，不停折腾。最大的享受就是坐在整理好的花园里，泡一壶好茶，闲来无事挂心头，便是人生好时节。

> “对我自己而言，最快乐的事情莫过于在每个繁忙过后的下午，晒着暖暖的夕阳，蹲在花园里，看着长得越来越壮硕的多肉，想着是做一小盆造景还是组一大盆神秘花园。手里不停地组盆拆盆，生命不息折腾不止，和它们一起，灿烂千阳。”

当二木给我留言问我是否有兴趣说说自己养多肉那些事时，心里当然欣喜，从一个人默默的喜欢上多肉，到现在看到有越来越多志同道合的花友，不知不觉已有6年。提笔想一个贴切的题目，心里浮现出的是我最喜欢的莲花掌——灿烂，而最适合它的名字是我很喜欢的一本小说的名字《灿烂千阳》，于是信手拈来，作为这段小文的名字。

一入肉界买买买

我养多肉最初是在豆瓣里闲逛，一个叫GREEN DAY的博客里贴出几张小图，我现在都还清楚地记得那是一个小组盆，一朵超粉萌的白美人，配着静夜还有几小搓姬星美人，顿时惊为天人。接下来当然不出意外的剁手买买买了，只是当初的市场没有现在这么红火，价格也不甚贵，当然品种也没现在这么多，但是就是这么痴迷。

和所有中毒的花友一样，我现在的死循环自然是买花缺土买土买盆换盆再买肉。所有多肉品种我在一段时间内几乎都有，但最爱当然是莲花座。永远都是开不败的花状，颜色还多，搭配更是可以有上千种，再配上花器简直是让人有种想要豁出去的爱恋。我相信所有爱园艺的朋友，都会爱上多肉的多变，多肉的粉萌，多肉老桩的千姿百态。

01

02 03

01 小小的露台，梦想的寄托。

02 月美人盆景，不知不觉长成了悬崖式。

03 花月寒月夜，长了很多年了。

“其实我的秘诀很少，无非就是适合的透气的土壤，好的阳光，适当地浇水即可。”

学习快乐，快乐学习

在多肉之路上，不仅有种植的乐趣，园艺的奇妙，更有很多志同道合的朋友与你分享。作为一名在四线城市孤芳自赏多年的多肉爱好者来说，是多么希望越来越多的朋友，尤其是本地花友和我一起来喜欢多肉，欣赏它们的美。

关于种植，贵州无疑是非常适合的，一年平均温度为19℃，高温不超过30℃。雨水丰富，但不闷热，紫外线强，多肉甚至可以在一年四季都保持颜色。许多花友问我有什么种植的秘诀，其实我的秘诀很少，无非就是适合的透气的土壤，好的阳光，适当地浇水即可。建议大家也可以找喜欢的达人多多学习。而照顾多肉，其实只要阳光充沛，如让合适多尝试多观察就会养得很好。各有各的独到之处，不可统一而论。

“爱+辛苦”就是梦想

很多时候，多肉就是这么神奇，只要给上适合的土壤，配上充足的阳光，就能长得很快，长得很美。每隔几个月就手痒地想给它换大盆，典型的给点阳光就灿烂的类型。但和所有的生命一样，它也很脆弱，花就是这样，需要你照顾，但是莫过度紧张，欣赏他们的美，同时付出心血，正如对待生活和爱情也一样，不要总羡慕别人的那么美那么赞，弯着腰除草、晒太阳、累得不行的样子，谁会给你说？

对我自己而言，最快乐的事情莫过于在每个繁忙过后的下午，照着点暖暖的夕阳，蹲在花园里，看着长得越来越壮硕的多肉，想着是做一小盆造景还是组一大盆神秘花园。手里不停地组盆拆盆，生命不息折腾不止，和它们一起，灿烂千阳。

01 02 03 | 04 05

01 等待着你春天“暴盆”的样子。

02 熊掌也长成了老桩。

03 右锦晃司盆景。

04 梦露和迈达斯国王，在一起也很搭。

05 绿豆，也渐渐长成了老桩。

一不小心坠入多肉之门，从此畅游『爱丽丝梦游仙境』

萧萧 | Text
赵芳儿 | Edit
二木 | Photo provided

坐标：上海

达人档案：萧萧

四川妹子，毕业于俄罗斯圣彼得堡国立大学，目前定居上海，于外企从事人力资源的工作。典型射手座，对外界的一切都感到好奇，天性乐观热情并喜欢冒险。爱自由，爱结交朋友，喜爱各种运动，游泳、滑雪、舞蹈、旅行、摄影等。读更多的书，行更远的路，是她此生最大的追求。还希望通过自己的努力能拥有一座小花园，成为一名热爱生活的美丽花奴。

> *爱上多肉的理由，仅仅多肉植物本身还不够，那些一起玩多肉的、志同道合的伙伴，似乎才是更加充分的理由。因为多肉，我认识了不少来自各个城市的热爱园艺的朋友，我的朋友圈以上海为原点，越变越大，扩大到威海、成都、北京……甚至南非。*

“多肉圈对我来说是一个全新的世界，一不小心推开这扇门，便再也不想出去。这里就像爱丽丝梦游仙境，有数不尽的美丽植物，有一群热爱生活热爱园艺的天使，他们用巧手编织月亮船，用匠心营造天宫般的花园……仙境的宫殿之门随时敞开，欢迎每一位热爱大自然的人”。

访问萧萧，这是给我印象最深的回答。我能感觉到，那份从心底流露出的真挚和热爱。

从2012年开始种多肉，萧萧从最初只是几小盆的小打小闹，变成满阳台全是多肉植物的狂热爱好者。肉肉们侵占了阳台还不够，铁艺花架挂到了阳台外面；因为通风更利于肉肉成长，封闭的阳台改成开放式的；不远万里去南非，只为看一看肉肉们在自己的故乡生长的样子……

当然，爱上多肉的理由，仅仅多肉植物本身还不够，那些一起玩多肉的、志同道合的伙伴，似乎才是更加充分的理由。因为多肉，萧萧认识了不少来自各个城市的热爱园艺的朋友，她的朋友圈以上海为原点，越变越大，扩大到威海、成都、北京……甚至南非。

“人生但须裹腹尔，其余均属奢靡”，但是，不正因为这些看似奢靡的爱好，才让我们的生活有了与众不用的意义吗？

01

02

01、02　阳台上的肉，在主人的精心照料下，一盆盆铆足了劲地生长。

03

01 02

01、02、03 各种多肉在萧萧的阳台上都长得很欢。

“养多肉首先要了解它们各自的习性，先养普货，由浅入深。肉肉露养最好，夏天要避开直晒，少浇水。”

Q：什么样的机缘巧合，让你一不小心跌入了肉坑，并乐在其中？

A：2012年夏天，同事给我转发了一条微博，微博内容是我从未见过却又觉得似曾相识的一些果冻色的莲花状的植物，点开图片的那一瞬间，心就被萌化了。

我点进博主的博客首页，仔细的搜罗了很多篇关于这种叫“多肉植物”的各类养护博文，也被博主记录的各种五彩斑斓的植物美图击中心脏。我花了一个礼拜的时间，每天都在博主的博文里反复研究这种不同于其他草花类植物的特性，包括它们对日照、水分的需求，和土壤介质的搭配。从那时开始，我认识了多肉植物，当然认识上面提到的博客主人——二木。

Q：很多“肉友”都开玩笑说是踩着无数多肉的尸体然后才变成达人的，你也是这样吗？给我们讲讲在玩肉肉过程中一些有趣的故事。

A：哈哈，我还好，因为下手之前做了很多功课。先了解基础养护知识之后，我才到花卉市场买了属于我的第一棵多肉——白凤，之后陆续购买了白牡丹、黄丽、鲁氏石莲、虹之玉等等最普通的适合新手的多肉植物。还通过二木的博文，自己摸索在一边种植的同时学习叶插、扦插。有时候遇到一些困惑，我会去网络上查找，如果实在找不到就会在微博上私信请教二木，他都会一一的耐心解答。

我曾种过一些草花，但由于没有系统地了解过植物的习性，每一次都以失败而告终，曾一度觉得自己在养花方面可能真没什么天赋，于是很长一段时间不再接触。养肉也是下了好大的决心，所以各种小心谨慎，还因此闹了个笑话。第一棵白凤买回来上盆时，我觉得叶片上有些灰尘，白粉也被我摸花了，不好看了，我拿着小抹布认真的把每片肉上的粉擦掉。第二天告诉二木，他默默的回了我一串省略号，然后告诉我叶片的白粉起保护作用，可以抵挡强烈的紫外线以防止晒伤，并且不会再生。我当时就被自己蠢哭了。他安慰我说没关系，等新的叶片长出来就有了。

从2012年的秋天到2014年的春天，我始终秉承坚持着先养普货，通过一年四季不断变化的气候、自家阳台的环境、跟花友学习养护经验，最后结合自己的实际情况来熟悉、摸索、研究它们的特性，并总结出自己的养护经验。

Q：刚才你说自己也总结出一套养护经验，能跟大家分享一下吗？你在上海，正好让上海的花友借鉴一下。

A：上海属亚热带湿润季风气候，四季分明，日照充分，雨量充沛，春季雨量尤其多。

在春夏交替时节，由于阳光雨水充

沛、早晚温差大，多肉在这个季节疯狂生长，并且能呈现出最美的色彩。但夏季来临前会出现让人很崩溃的梅雨季，闷热、潮湿、连绵阴雨，仿佛要下到天荒地老。这时候对多肉来说是很危险的季节，遮雨是必不可少的。

最可怕的还是夏季。上海的夏天，38~40℃常常能持续好多天，我家多肉在过第一个夏季（2013年）的时候，我把它们全部搬进了屋内，避开了烈日直射，适当断水，但屋内通风效果很不好，结果就是多肉褪色、徒长，状态非常不佳，加上闷热，一旦浇水就会突然黑腐死去。

我在第二个夏季选择了露养。因为黑色遮阳网不够高，一天暴晒之后叶片灼焦，事实证明，遮阳网低于1米是不能用的。去年夏天我依然坚持露养，不遮阳，只遮雨，从梅雨季开始，拉上透明的薄塑料布，减少浇水频率，大概2~3个星期1次。然而去年夏天异常炎热，春季新种的一些还没完全发育好的多肉幼苗相继仙去。

上海的秋天来得很晚，基本上要到国庆节之后才会有秋日的凉意，秋老虎变成比炎炎夏日暴晒更可怕的洪水猛兽。在9~10月期间，要尤其谨慎，注意通风和浇水的频率。很多肉友的反映在最热的夏季没事，反而在夏秋交替时出现黑腐死亡，就是因为以为秋天来了，便放松了警惕，一旦增加浇水频率就会出现死亡的现象。我总结的经验就是，一定要屏住，屏到中秋节之后才能慢慢开启秋季养护模式。

秋天是多肉生长的季节，一旦温度降下来之后就可以放心地撤遮阳网和遮雨布了，但需要慢慢过度，当它们完全适应了秋天的气候，就可以放心的浇水了。我因为是露养，个人还是很喜欢多肉在室外淋雨的，一场秋雨将它们喂饱，从夏季的炎热中苏醒过来，然后开始疯狂地生长、爆崽，待到秋高气爽时，就慢慢变色出状态了。

上海的冬天最低温度一般不会超过-5℃，白天一般也在7~8℃上下，尽管有时也会连绵阴雨，但是大多数时候是有冬日暖阳的，阳光直射下的温度有时能达到20℃，因此对于上海的肉友来说，过冬是毫无压力的。晴天的时候早晚温差很大，多肉上色便是很容易的事情了。冬天我一直露养，基本上不遮雨，养护上少水、断水，尽可能的为它们创造更有利的日照条件。待到来年春季几场春雨来临，它们就又开始蓬勃生长啦！而我发现了一个现象，在江浙沪地区，春季是多肉植物色彩最浓烈的季节。尽管春季我不怎么遮雨，多肉们在春雨的滋润下疯狂的生长，可同时颜色也会越来越浓烈，有的多肉在整个冬天都没上色，却在春天变红了，我想这还是跟气温和日照有关吧，还有待摸索。

Q：好丰富的经验，但我了解还有更疯狂的，听说你为了养多肉，把原来的封闭阳台都拆掉了，换成了开放式的，是这样吗？

A：哈哈，是的！我家阳台很小，朝东南方向，面积10平方米不到，全长2.3米。为了给多肉创造露养的条件，我不顾朋友邻居的劝说，毅然决然将原本有玻璃全封闭的阳台做成了开放式的，找工人来拆了上半部分的窗户，又找装修公司把下半部分的玻璃全换了，地面全部换成了浅绿色的复古风瓷砖。因为拆了上面的窗户，担心下大雨会影响到墙面，便顺势将墙面全部贴了瓷砖，做了防水，重新把阳台的下水道打开。并预定了2米的铁艺花架，挂在阳台的栏杆外面。

无论做这些事情有多辛苦，只要让可爱的多肉更接近阳光，哪怕只是踮一踮脚尖的距离，我也会觉得一切都值得。当我为多肉扫清一切障碍之后，阳台外露天的晾衣架成了摆设，有朋友开玩笑说，这没有一点舞蹈功底，衣服还真晾不出去。

01 景天魔南。

02 静夜。

03 封闭式阳台改成了开放式的，肉肉们终于能大口呼吸新鲜空气了。

被花友们问得最多的还是阳台上的遮雨布，我在花架上面做了拱门，2米的花架一共5个拱门，以便于支撑起整块的塑料遮雨布。拱门是在网上买的“铁线爬藤”，高度正好适合我做遮雨，用自锁式尼龙扎固定在花架上。因为不想完全阻隔紫外线，并且保持通风，所以遮雨布用的是比较薄的，这样整个夏天多肉也不至于又绿又徒。平时不用遮雨布的时候，就把它们收回来塞在栏杆和窗台的缝隙里，待到要用时从缝隙里拉出来在拱门上固定住就好。从踏入多肉的坑那天，就励志要做一个不倾城不倾国只为能干一切粗活的女子！

Q：现在你也是多肉达人了，是不是也开始追新奇的品种玩？

A：在我的世界里，多肉不分贵贱，我不会因为价格的高低决定多肉的贵贱。我们要相信，只要符合自己审美的植物，用心对待它，每一棵都是白富美！

Q：多肉对土壤的要求与别的植物也不一样，这方面你有好的建议吗？

A：关于配土，我是一个比较随意的人，对于土壤介质的比例我并不是完全按照数字来划分的，平时在给多肉上盆的时候完全是凭感觉。曾经也找摆摊阿姨要过蜂窝煤，在最热的7、8月，顶着烈日，带着帽子和口罩，穿着围裙，在小区里找了个角落，坐在小板凳上筛煤渣。特别专业的晒出四个型号的颗粒：垫底的、混土的、铺面的、幼苗专用的。为了多肉，也真是拼了！后来慢慢了解到多肉原生地的生长环境，我开始更多地去使用河砂。小区里经常有装修的，我就拿着装砂的袋子去问别人要。实验告诉我，用粗砂、细砂、混泥炭土更利于多肉植物生长，而且不易生虫。至于比例，我一般是1:1的比例，有时候砂子会偏多一点，一切随心意。当然土壤里面是少不了珍珠岩、蛭石、火山石等介质的。

Q：看来种多肉也是“痛并快乐着”，“痛”我了解了，那快乐呢？

A：2015年是我养多肉第三个年头了，这三年来，我跟着肉友学到了很多关于多肉的以及其他植物的专业知识，认识了很多朋友，参加过很多次花友们的聚会，自己的生活也在悄悄发生着一些变化。

多肉圈对我来说是一个全新的世界，一不小心推开这扇门，便再也不想出去。这里就像爱丽丝梦游仙境，有数之不尽

的美丽植物，有一群热爱生活热爱园艺的天使，有精灵用巧手编织梦中的月亮船，有仙子打造天宫的花园，他们用自己的双手建造起流光溢彩的宫殿，打开大门，欢迎每一位热爱大自然的人。在这里，我认识了不少来自各个城市热爱园艺的朋友，大家相聚威海二木花园看多肉，和同城肉友一起游历各类多肉大棚和多肉展览……更有幸在2015年9月奔赴南非踏上追寻多肉的梦幻之旅，学习更为丰富的植物知识，真切地站在多肉原生地去听上帝在这片伊甸园奏响的协奏曲。还认识了南非当地知名的动植物学家，我们像家人一样一路相爱相守，这一路收获的远比想象中多的多。

我未来的生活不能没有多肉植物，它们就像出现在我生活里的彩虹，吸收了这个世界上所有柔和的色彩，融化在天空，融化在心窝，成为心中永远不会凝固的梦。无论刮风下雨，悲喜阴晴，只要阳台上的多肉健康蓬勃努力向上的生长，我就会更热爱生活，更热爱大自然。

有花有舞 无『肉』不欢

Helen | Text
叶子 | Photo provided

坐标：丹江口
达人档案：叶子

真名张锦芳，丹江口水力发电厂党支部书记、车间主任。喜欢各种花花草草，心里一直有个小小的花园梦想，四季如春，姹紫嫣红。终于在2008年，拥有了一套带露台的房子，通过精心设计，拜师学艺，打造了一个迷你花园。在她的影响和带动下，老公成了花园御用摄影师，女儿也成了小帮手，闺蜜也时常在露台三五小聚，家人朋友因花草加深感情，因多肉欢乐无穷。

叶子，丹江口的多肉圈里小有名气的“土豪”，150余个品种的多肉，让这位党支部书记显得无比的与众不同。我请她说说自己，她豪爽地发来了这段话：我，中年，自认为全能，在家负责柴米油盐，典型的中国家庭妇女；在单位是一个中层管理者，工作认真负责，领导眼里的放心干部。

叶子说：“我最大的喜好就是养花养草养‘肉’、跳跳广场舞。”对叶子来说，只能用“痴迷”来形容她对多肉植物的喜爱。她家有个20平方米左右的露天阳台，四季常花还不足，小小的空地也被她改造成了多肉植物的“小王国”：她用小石子顺着阳台砌成了花圃围栏，一段朽木，被挖空后种上了几棵多肉植物，花圃里甚至还装有自动喷水的喷灌设备。她说，这是为家里人都外出，无人给花花草草浇水而特意安置的。而在露台里，最引人注意的还是三四个花架子上一层层、一盆盆用精美的花器种植的，拗出各种造型的多肉“萌宠”。观音莲、红宝石、熊童子、卡罗拉、黑法师……各据地势，兀自绽放，开出最美的姿态。

在外人看来，叶子是个事业有成、家庭和美，什么都不用愁的人，但她内心很明白，这些年是花花草草教会了她淡然从容。她说记得第一次养死了一颗观音莲，伤心自责，心情久久不能平复，甚至想放弃，但对多肉的爱让她变得坚强和理性，为此，她订阅花卉杂志，上网下载养护要领，自驾去威海大棚取经学习。叶子说：“我的业余时间大部分都奉献给了这个露台，每天都会打扫、清理。当我工作遇到困难时，我都会在这里坐一坐，看一看，重新理一理思路，有时候瞬间感觉有了解决困难的动力和灵感。这些年，无论工作还是生活，我都能井然有序，尽情享受着“肉”带给我的幸福快乐时光……

> *“叶子是个典型的，喜欢众乐乐的肉友，自己喜欢的东西一定要让大家都喜欢。除了自己爱肉，她还一边跳广场舞，一边把肉肉介绍给身边的人，从介绍到送到，到指导，到品鉴交流，到把大家都带进肉坑，叶子乐此不疲。”*

叶子是个典型的，喜欢众乐乐的肉友，自己喜欢的东西一定要让大家都喜欢。除了自己爱肉，她还一边跳广场舞，一边把肉肉介绍给身边的人，从介绍到送到，到指导，到品鉴交流，到把大家都带进肉坑，叶子乐此不疲。

01	
02	03

01 给“肉肉”配上合适的盆器是件艺术的活儿。

02 鞋子当花器，不仅创意独特，还透气透水，非常适合“肉肉”生长。

03 老桩劳尔，搭配干净素雅的陶盆，非常雅致。

02

01　03

Q：怎么和多肉结缘的，还记得当时的情景吗？

A：2011年，我在网上闲逛浏览网页，突然被一个叫“二木花花男”的博客内容所吸引了。博主二木将自己养多肉植物的照片、种植经验全部挂在了博客里，吸引了无数“肉粉”和点击量。而我也瞬间被这些“小呆萌”给迷住了，从此一发不可收，掉进了“肉坑”，博主二木也成为了我的“新晋男神”。看完博客，我立马行动起来，先买书认真学习，再上网查询养殖要点。如何选盆配土，“多肉”有哪些习性，在实践中积累经验。我应该算是稳扎稳打型，最开始养的都是最普通和常见的品种，随着养护经验的不断增加，才敢涉足较为名贵的品种。而为了能打造出多肉植物最美的形态，我也愿意花费大量的时间和精力，为不同形态的植物寻找一个最适合、最能体现出艺术姿态的花器。现在我的花盆既有名贵的纯手工打造的，也有搜集来的酒瓶、杯子，甚至还有冰激凌盒子，总之，不用的锅碗瓢盆在都是种“肉”的宝贝。

Q：你在武汉丹江口养肉，能说说你的经验，给别的肉友分享吗？

A：我所在的湖北省丹江口市，是南水北调中线工程水源地，就是这么一个鄂西北的小山区，地理位置特殊，被我们戏称“不南不北”，夏天闷热高温，冬天干燥湿冷。多肉爱好者大都是“阳台族”，养肉的关键是度夏，其中控水是最重要的，而后控制湿度也是我们的必修之课。虽然先天条件有限，可大伙充分发挥聪明才智，全家总动员，利用每一寸空间，调动一切资源，泡菜坛、咖啡杯都是多肉的美器，方寸之间都有美美的景致。

Q：你和肉肉间有什么故事吗？

A：为了多肉植物，我也曾经历了一次最疯狂的追星行动，以前从没这么做过。2014年的国庆假期，为了去见男

01　一架子的美肉，是主人兰心蕙质的体现，也是她心灵的寄托。

02　枯木作为花器，在花友中越来越流行。

03　从左至右分别为：紫云月、玉蝶、鲁式石莲。

神“二木”，我带着全家人开车去山东威海“追星”。这次“疯狂之旅”，不仅让我们一路结识了全国各地的养“肉”高手，我还带回来了丹江口没有的“多肉”品种——乌木。现在想想还觉得很开心，很回味呢。

我是跳着舞养多肉的，这个可能和别的肉友比较不同吧。每天晚饭后，我都会和小区的邻居在院子里占据很小的一片地方，将音乐开至最小，跳广场舞健身。跳完舞后，我们每人都端出自己养的“多肉”，开始每晚的多肉“品鉴大会”，互相交流养护经验，分享其他人没有的品种。那个感觉可好了。这些邻居都是在我的带动下掉进“肉坑”的。现在我们小区的物业主任也在我的带领下开始种植“多肉”了，还小有成就，小区楼下就摆着他的一盆盆的“多肉”，供人欣赏。此外，来我家参观肉肉、分享经验的同事、邻居、“肉友”也是络绎不绝，很是热闹呢。

肉肉是我们传递正能量的媒介，我在网上建立了自己的微博，将自己养多肉植物的心得全部上传到网上供朋友们分享，还有QQ群、微信群，我也经常在群里开展各种活动，让小小的多肉为社会的和谐发挥出更大的能量。2014年的夏天，我们组织了一次多肉植物义卖活动，将所得的善款全部捐赠给了伤残小女孩，为她治疗疾病送去爱心和温暖。这是我很喜欢做的事，让我的爱好成为大家的爱好，再做更多的事，让更多的人快乐。

Q：你和肉肉最美的情话是什么呢？

A：养花和生活工作是相通的，遇到困难要克服，遇到问题要解决。要学会做减法，不能求大求全，有舍才有得。这么多年来，我也有不少把多肉养死过的惨痛经历，但我不抛弃，不放弃，最终经历了严冬迎来了春天。多肉彻底改变了我，让我懂得，只要有耐心细致和坚持付出，植物一定会用最美的姿态来回报我们，一定会给我们带来多姿多彩的春天和最美好的生活。

01 02
03 04
05

01 红稚莲，单株多肉经过多年的养护、造型，再搭配合适的盆景，能成为一件很有意境的盆景。

02 玉蝶。

03 佛珠。

04 锦晃星。

05 多肉拼盘，盆器很关键。

我就喜欢「怪」和「异」

Helen | Text
二木　敏敏 | Photo provided

坐标：杭州

达人档案：敏敏

熟女一枚。本科毕业，毕业后在国企从事市场营销工作至今，性格大气、随和、有时有点小心眼。爱好广泛，尤其擅长烹饪，做得一手好菜。人生有两条路，一条叫心历，一条叫经历。心历引领着经历，经历丰满着心历。心若年轻，即使经历坎坷，人生与天地不老；心若老去，就算经历平静，人生却步入荒年。

找到敏敏，小聊了几句，收到她发来的肉肉照片，一时竟没叫出名字。她说这是些比较小众的品种，是阿修罗等，属于比较怪异的吧。敏敏说，早些年养多肉都是别人养什么她也养什么，就是所谓的跟风，以至于晒照片的时候，不止是植物一样，有时甚至连盆子都一样，往往会有一种“这好像是我家的肉”的错觉。

这几年下来，更中意那些奇形怪状、风格迥异的多肉植物。虽然很多人不欣赏，甚至觉得丑陋。很多人问她为什么会养这些并不便宜，而且观赏性又差的东西呢？敏敏却说，因为我会欣赏，我看到它们的美。敏敏觉得其实这些另类的肉肉很符合自己的性格：随和、没心没肺，却又叛逆、我行我素。而更多的是在她这个年纪已经不需要去迎合别人的喜好，获得别人的赞同。“我只做我喜欢做的事。”

说了肉肉，也说说敏敏自己，她说自己是个大大咧咧的人，有时不大像个女人，也是个挺普通的人。敏敏一直觉得自己在被生活厚待。她说，老天爷给我太多，有时候甚至觉得不好好生活就对不起拥有的一切。她喜欢小动物、喜欢音乐、喜欢烹饪、喜欢美食、喜欢园艺，偶尔也会静下心来玩玩香道、看看书。她喜欢一切美好的东西，热爱生命、尊重生命，十多年来一直做着力所能及的动物救助，养着被遗弃和被弄断腿的狗狗，即使被人嘲讽人傻钱多也不改初衷。昨天我问敏敏，她觉得自己像哪种多肉，她细细想来觉得自己更像白桦麒麟，普通、带刺，但是经过时间的沉淀会很出色，而且即使带刺却也内心柔软干净。

> *“昨天我问敏敏，她觉得自己像哪种多肉，她细细想来觉得自己更像白桦麒麟，普通、带刺，但是经过时间的沉淀会很出色，而且即使带刺却也内心柔软干净。”*

释迦牟尼有这样一段话：“无论你遇见谁，他都是你生命里该出现的人，都有原因，都有使命，绝非偶然，他一定会教会你一些什么”。敏敏引用这句话来表达，“我们本来的生活圈子很小，但因为相同的爱好我们相遇，我很珍惜这种缘份，并且从他们身上学到更多东西”。

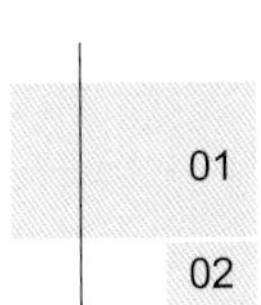

01 种满多肉和其他植物的露台，生机一片。

02 终于等到生石花开花。

> 植物也可不貌相，有些看上去很怪很丑的类型，开出来的花惊艳无比。

Q：你的多肉史是怎样的呢，大概是什么时候开始接触多肉植物？

A：其实要说种多肉的时间，那应该是从2005年搬到现在居住的地方就开始了，因为有两个比较大的露台，所以就利用起来了，但当时主要种一些月季和草花。每次去逛花卉市场的时候，会看到一些诸如虹之玉、观音莲这样的小盆植物，往往都会买，可笑的是那时并不知道这些叫多肉植物，也不知道习性，所以每次都是养不了多久就死掉了。于是这样买了死，死了买的折腾了好几年。

大概在2010年（还是2011年，记不清了），一次在网上闲逛，极偶然的看到二木的博客，突然发现他种的植物和我一样，但却比我精致、漂亮多了，于是便想自已能不能也种出这样的效果来呢？抱着这样的念头，从此我便一发不可收拾。首先，自己像一个好学的学生一样，整天在网络上百度各种多肉的名称、生长习性及一切相关的资料。其次，和所有的多肉新手一样，成了一个不折不扣的收集控，只要二木有的，我也去买来种上，我想大多数的木粉也有这样的经历吧。于是，那时候的状态便是买了肉，发现盆不够了，有了盆之后，却发现土又没了，很多新手都会抱怨：一入肉门深似海，从此钱包是路人。

在经历了几个春夏秋冬之后，当初的那些小肉丁，有些已经长成了老桩，有些已经在夏天阵亡。而我也从当初的菜鸟升级成一枚多肉达人，虽然谈不上资深，但我觉得我种的多肉，的状态是不一般的美（看图，自我陶醉一下）。

Q：做为达人，你有什么养护经验可以介绍给肉友吗?

A：这几年的养肉过程中碰到的一些问题，自己总结了一下，和大家分享：

关于配土：经常会看到很多新人纠结土的问题，是不是要这个土，是不是要那个颗粒？但凡有人问我，我的回答都是很简单的，我用的就是泥碳加颗粒加草木灰。景天的比例是6（泥碳）：3（颗粒）：1（草木灰）；生石花和仙人球类的比例是3（泥碳）：6（颗粒）：1（草木灰）。总之，不要用那些容易板结的园土，原则上透气透水就行。

关于光照：因为我家在顶楼，所以光照是非常好的，阳光好的日子基本可以从早上太阳升起晒到下午太阳落山。除去夏天，阳光对多肉植物来说是最好的，不用上肥，直接晒出色。而我家四周没有高楼，通风更是不用说了。

关于浇水：由于一直是露养，所以肉肉们都是日晒雨淋的状态，除非一个月或者更久不下雨，又碰上非常干燥的天气，那我会浇点水并且浇透。对于水少的肉肉，容易控制株型，并且容易上色。

关于夏天：度夏有四个条件，那就是阴凉、通风、避雨、控水甚至断水。很多肉肉虽然长在沙漠地带，可是也怕热，也要遮阴，通风更是必须的，个人觉得有条件的话，可以用风扇24小时吹，既降温又通风。还有就是避雨，夏天的多肉一定不能淋雨，淋过必死，这是我今年最惨痛的教训。虽然有遮阳棚，但碰到大雨，很多肉肉被雨水淋得都烂了。控水是指减少浇水量，如果碰到温度很高的天气，我基本只在盆边喷一点润润湿，而生石花我是

01 02
03 04

05

01 俏皮的“PP”开花后，又多了一份娇媚。

02 小松鼠爱松果，看来也爱仙人球。

03 小猫醉在花丛中。

04 各种“寿”在一起，难辨伯仲。

05 编织篮子通气透水，非常适合多肉植物。

01 02
03 04

05

完全断水的，从高温（32℃以上）开始断水，基本上是六月上旬左右一直断到十月上旬左右（仅指杭州的天气而言）。

关于虫害：第一年大规模种肉的时候，我全部放在客厅朝南的窗架上，几乎没有虫害，后来因为实在太多，往屋顶发展了，暴发最多的病害的就是介壳虫。我没有尝试护花神或者其他的药，只用国光的蚧必治，效果很好。介壳虫初期暴发的时候比较容易处理，只要用镊子一只只抓掉虫子，再喷按比例兑水的蚧必治，隔二天喷一次，基本能灭掉。如果是发现得晚，介壳虫的情况比较严重的，可以把多肉和土一起挖出来，去掉土，把虫害的肉泡在兑好的药水中，大概约一个小时左右拿出来晾干，然后再用新土和新盆重新种下去。之前有虫害的土要扔掉，盆子也要用药水泡过才能再用。这里要注意的一点就是，喷蚧必治最好在室外，因为味道比较大，最好不要有小孩和宠物在边上。

Q：你的多肉梦想或是方向是什么呢，描绘一下吧。

A：这几年因为多肉结识了很多的朋友，特别是二木，当初刚知道他的时候，他应该也只是一枚普通多肉爱好者吧，短短这么几年，又是出书，又是做花园，把理想变成现实，做得有生有色，容我小小的崇拜下，不过我最欣赏的是他的性格，因为一直以来，他都像一个邻家男孩一样随和，虽然经常会犯二，哈哈……我很喜欢我们能像家人一样相处的感觉。最大的愿望是希望能在明年夏天前去一趟威海，参观一下他的多肉花园，看一下可爱的小木鱼儿。同时因为多肉还结识了很多本地的肉友，有些本身也是资深的种肉达人，而有些还是多肉菜鸟，但大家都能说到一起，互相交流，互相分享……

按照百度的知识，全世界共有多肉植物一万余种，在植物分类上就隶属几十个科，而我这几年种的大多是景天科的，接下来想多尝试一些别的种类，如仙人掌科、番杏科、大戟科、萝藦科类的，我喜欢比较小众，又比较怪异的品种，目前也有养少量的这些品种的植物，希望也能和景天一样养得比较出色。其他方面就是我比较喜欢做拼盘，得到一位不懂多肉的朋友的指点，我想做几个比较独特的拼盘出来，当然有时候想法和实际做出来的会有差异，但我还是蛮期待自已做出来的效果。

01 仙人掌类开花的样子总是带给人惊艳。

02 蓝松非常适合垂吊盆。

03 方塔真是名符其实。

04 偶然翻出旧照看到曾经的样子，还会惊讶如此丑丑的当初为何也爱不释手，多肉植物就是那么神奇。

05 独立的盆景非常有意境。

新手入门多肉植物品种推荐100种

二木 | Text & Photo provided

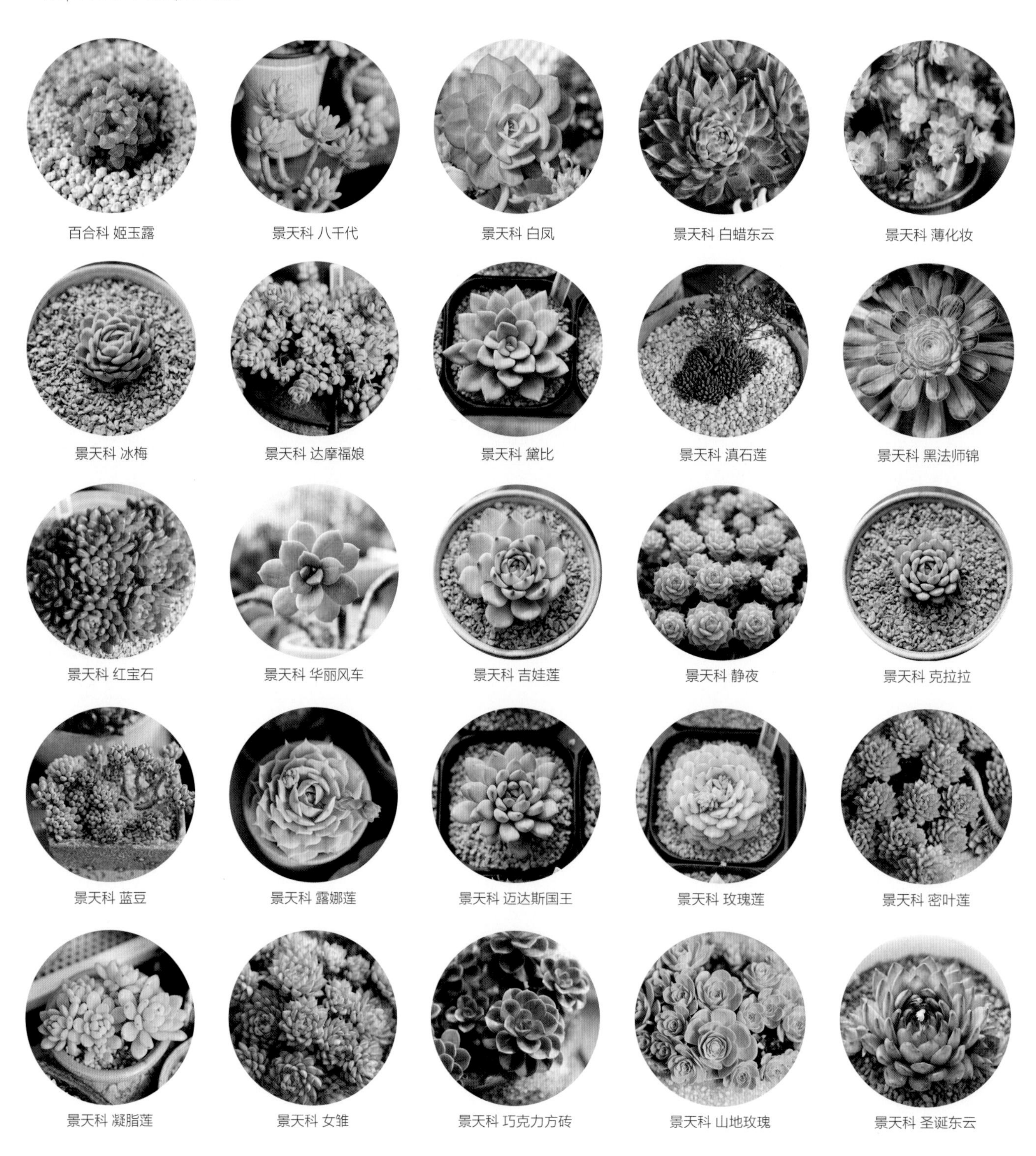

百合科 姬玉露　景天科 八千代　景天科 白凤　景天科 白蜡东云　景天科 薄化妆

景天科 冰梅　景天科 达摩福娘　景天科 黛比　景天科 滇石莲　景天科 黑法师锦

景天科 红宝石　景天科 华丽风车　景天科 吉娃莲　景天科 静夜　景天科 克拉拉

景天科 蓝豆　景天科 露娜莲　景天科 迈达斯国王　景天科 玫瑰莲　景天科 密叶莲

景天科 凝脂莲　景天科 女雏　景天科 巧克力方砖　景天科 山地玫瑰　景天科 圣诞东云

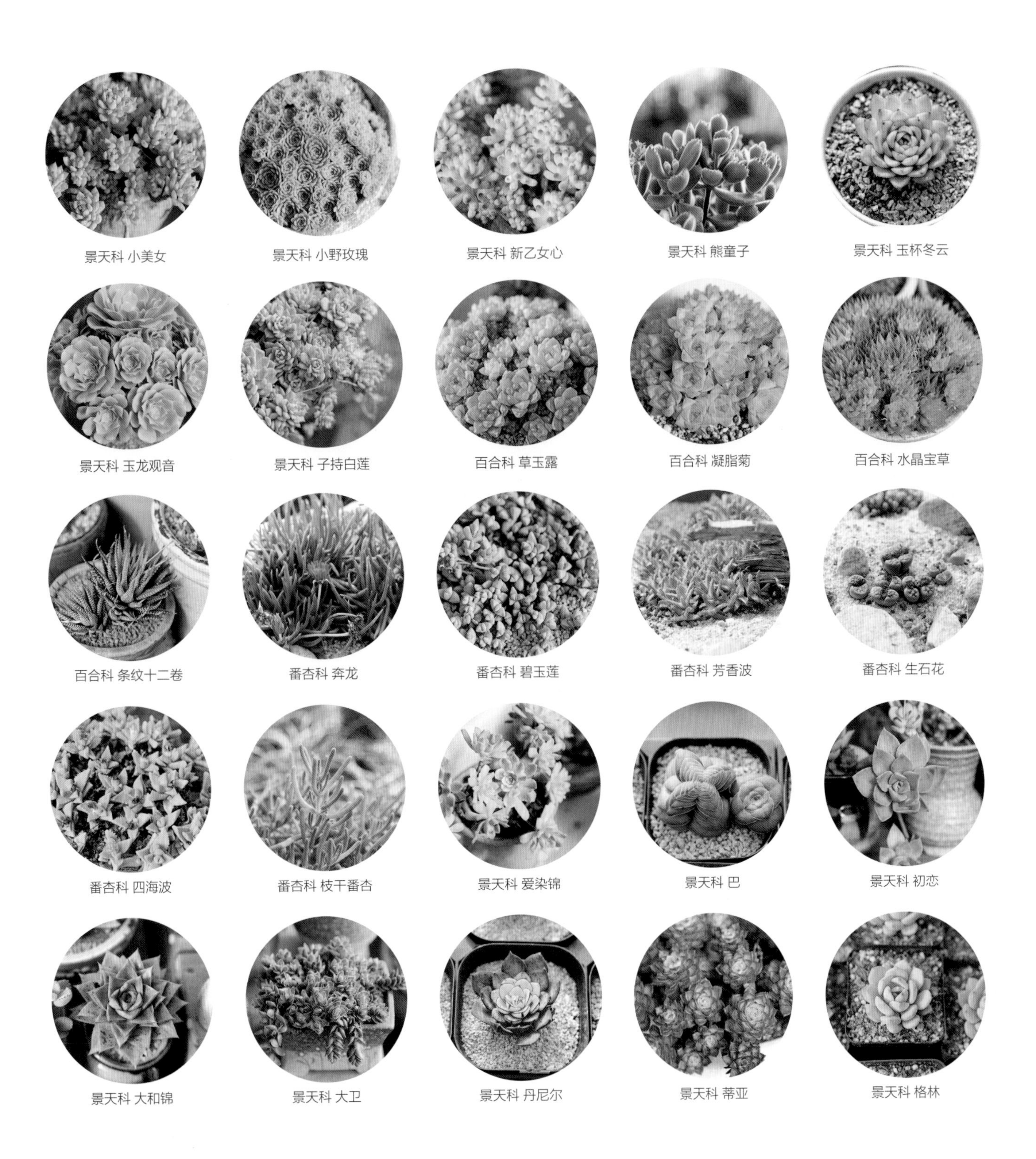

景天科 小美女　景天科 小野玫瑰　景天科 新乙女心　景天科 熊童子　景天科 玉杯冬云

景天科 玉龙观音　景天科 子持白莲　百合科 草玉露　百合科 凝脂菊　百合科 水晶宝草

百合科 条纹十二卷　番杏科 奔龙　番杏科 碧玉莲　番杏科 芳香波　番杏科 生石花

番杏科 四海波　番杏科 枝干番杏　景天科 爱染锦　景天科 巴　景天科 初恋

景天科 大和锦　景天科 大卫　景天科 丹尼尔　景天科 蒂亚　景天科 格林

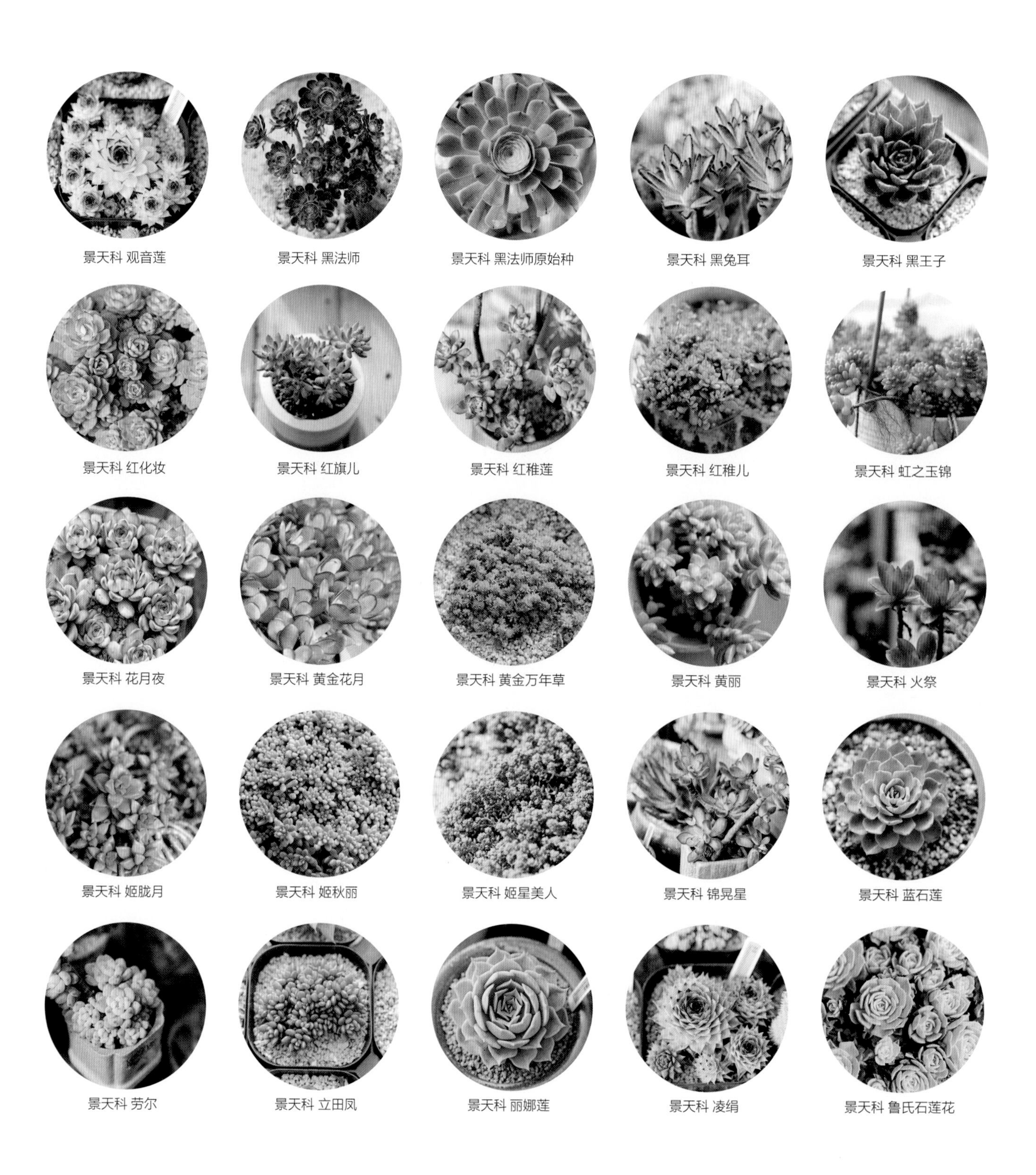

景天科 观音莲　景天科 黑法师　景天科 黑法师原始种　景天科 黑兔耳　景天科 黑王子

景天科 红化妆　景天科 红旗儿　景天科 红稚莲　景天科 红稚儿　景天科 虹之玉锦

景天科 花月夜　景天科 黄金花月　景天科 黄金万年草　景天科 黄丽　景天科 火祭

景天科 姬胧月　景天科 姬秋丽　景天科 姬星美人　景天科 锦晃星　景天科 蓝石莲

景天科 劳尔　景天科 立田凤　景天科 丽娜莲　景天科 凌绢　景天科 鲁氏石莲花

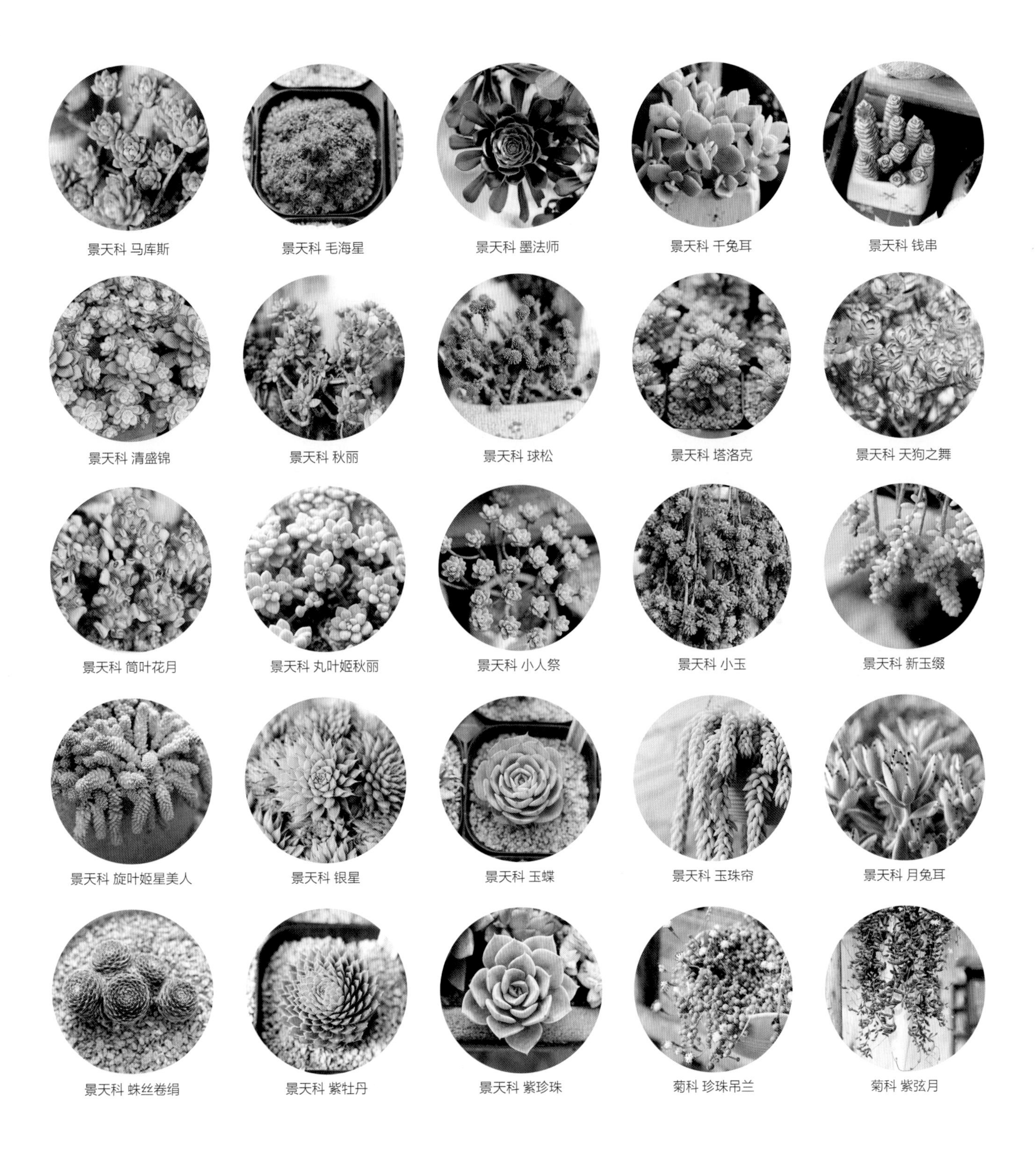

景天科 马库斯　景天科 毛海星　景天科 墨法师　景天科 千兔耳　景天科 钱串

景天科 清盛锦　景天科 秋丽　景天科 球松　景天科 塔洛克　景天科 天狗之舞

景天科 筒叶花月　景天科 丸叶姬秋丽　景天科 小人祭　景天科 小玉　景天科 新玉缀

景天科 旋叶姬星美人　景天科 银星　景天科 玉蝶　景天科 玉珠帘　景天科 月兔耳

景天科 蛛丝卷绢　景天科 紫牡丹　景天科 紫珍珠　菊科 珍珠吊兰　菊科 紫弦月